U0276381

The Pillars of a Great Power

大国重器

空间

《大国重器》节目组　主编

北京理工大学出版社
BEIJING INSTITUTE OF TECHNOLOGY PRESS

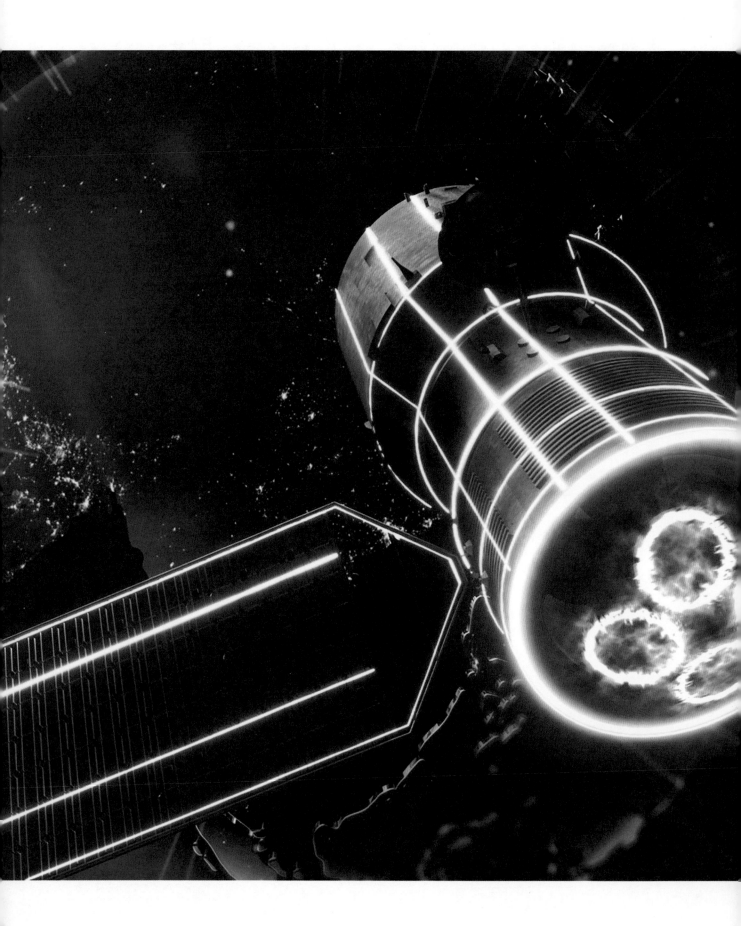

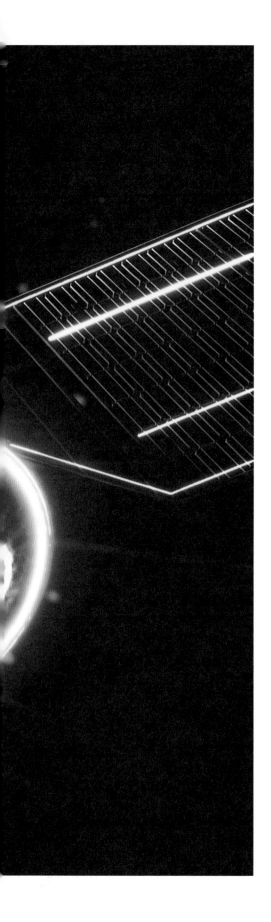

目录

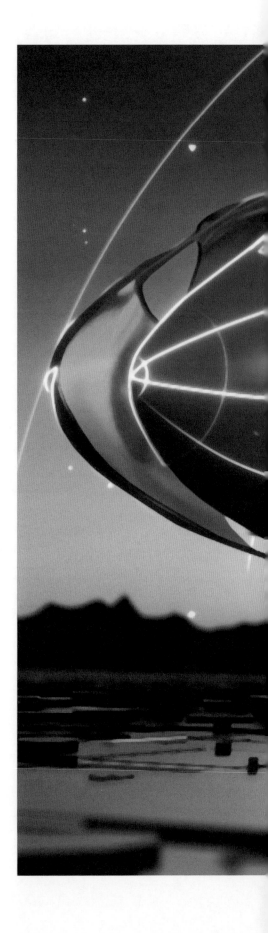

发动中国

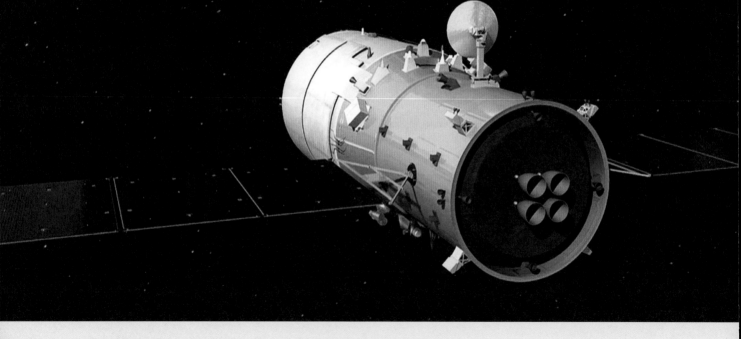

探索浩瀚宇宙，建设空天强国，中国人的飞天梦，迎来了圆梦的新时代。作为高新技术最为集中、产业溢出效应最强的领域，空天技术水平是一个国家科技实力的重要标志，也是一个国家经济实力、国防实力、综合国力的重要体现。大飞机腾空，国产飞机发动机揭开面纱；大推力火箭发动机点火试验，全景呈现；助力太空布局，中国卫星制造装备全新亮相；太空密闭生存试验，挑战全球极限。迈向航空航天强国，中国已发动引擎，全速前进。

幕后英雄：飞船的导航员——"远望 7 号"

　　2017 年 4 月 20 日，"天舟一号"在海南文昌发射成功，这是令全体中国人激昂振奋的一刻。"天舟一号"是中国自主研制的第一艘，也是世界上载荷量最大的货运飞船。中国向空间站时代迈出了极为关键的一步。

　　所有人的目光都投给了"天舟一号"，却鲜少有人注意支持它升空的幕后英雄们。今天小重就和大家一起去看看"天舟一号"背后的超强战队——"远望 7 号"。

　　飞机飞在天上，需要地面塔台的帮助，指挥它起降；风筝飞得再高，也需要有风筝线帮它控制方向；飞船飞向浩瀚的宇宙，也需要一个"导航员"帮助它辨别方向，避免它迷失在茫茫宇宙中，同时还需要指挥它在宇宙中作业，"远望7号"就是"天舟一号"的"导航员"。

　　没错，"远望7号"测量船是中国第三代航天远洋测量船的第三艘，是由中国自主设计研制、具有国际先进水平的大型航天远洋测量船。

"远望7号"装载着947套世界最先进的航天测控设备和船舶设备，是名副其实的海上科学城。

在"远望7号"上的这台测控天线和另外一台10米高的测控天线，是与"天舟一号"

飞船的"导航员"会是什么样的呢？是一个人？是一架飞机？是一颗卫星？或者只是一台控制电脑？

好啦，别瞎猜了，谜底揭晓，"天舟一号"的"导航员"是一艘测量船。

"远望7号"上的测控天线

对接的通天神器。

这台测控天线搭载了S频段和X频段两个测控频段，让"远望7号"测控范围远至月球。假设"天舟一号"是风筝，测控天线就是牵着风筝的那根线，随时能测控到风筝的高度和位置。

在"天舟一号"发射前夕，"远望7号"就开始正式启航了，它要在广阔的太平洋上引导"天舟一号"进入预定轨道。

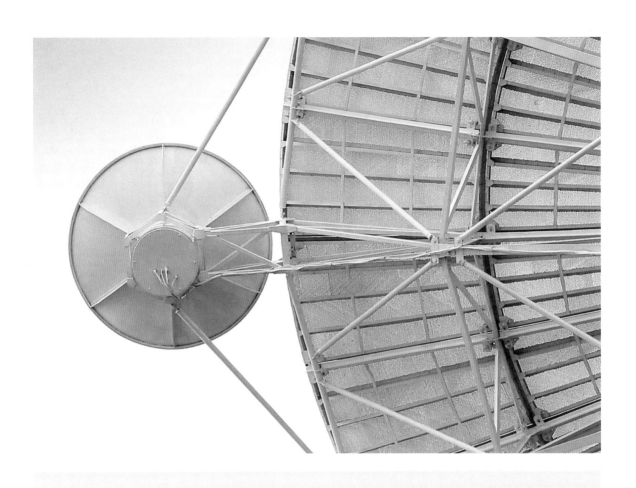

小重敲黑板知识点

中国是继美国、俄罗斯、法国之后，第四个掌握远洋测控技术的国家。在150多次的航天发射中，远洋测控成功率达到100%，位居世界首位。

自主建造远洋测控船只，中国工程师用了40多年。经过40多年的发展，中国远洋系列的动力监测控制系统已实现全面突破，它的信息化、集成化、智能化都是全球最高的。这是一个举一国之力完成的积累，也是我们国家独立自主，自力更生的硕果。

如今，"远望7号"的独立远航能力可以覆盖太平洋、印度洋以及大西洋南北纬度60°以内的任意位置。

　　"远望 7 号"的甲板之下的动力监测中心，装有全球最先进的智能化感知安全监测系统。船上的动力设备有 1 万多个监测反应器，通过总计 900 千米的电缆连接。动力舱中主机、传动设备等 600 多套设备，每一套设备的运行状态都会实时传回，任何异常情况都可以提前排除。

　　也就是说，就算在茫茫大海上遇到任何风险，"远望 7 号"都能从容应对。

　　要成为出色的"导航员"，"远望 7 号"首先要做的就是要确保能迅速且准确地捕捉到已经升空的"天舟一号"，也就是将"风筝线"迅速系上。

　　承载"天舟一号"的运载火箭，以每秒 7.9 千米的速度飞向太空。

　　"远望 7 号"迅速反应，要在火箭发射后七分半钟左右，在太平洋上捕捉火箭信号，接过陆地基站的导航接力棒。

　　指挥大厅内大屏幕上变换着各种实时数据，技术人员们面色严峻、屏气凝神，等待着目标出现。大家紧盯着屏幕上的监测数据和火箭轨迹，在进行状态监控、数据接收和处理工作的同时，也做好准备，随时应对突发情况。

6分11秒后，"远望7号"准确捕获"天舟一号"，这比预想的时间快了近19秒。从导航开始，到"天舟一号"进入预定轨道，"远望七号"仅耗时166秒。

"天舟一号"完美进入预定轨道。"远望7号"这位年轻的"导航员"圆满完成了任务。这是它首次单船执行海上测控任务，同时也创造了首次在任务中同时跟踪火箭和飞船，首次采用变航向测量的记录。

但，这只是一个开始。

接下来的时间，"远望7号"会频繁驶入太平洋，一次次将火箭送入太空，逐步搭建起中国的空间站。

好了，现在，请大家仰望星空，感受一下在太空当中有我们中国人的足迹，是不是油然而生出一种自豪感呢？

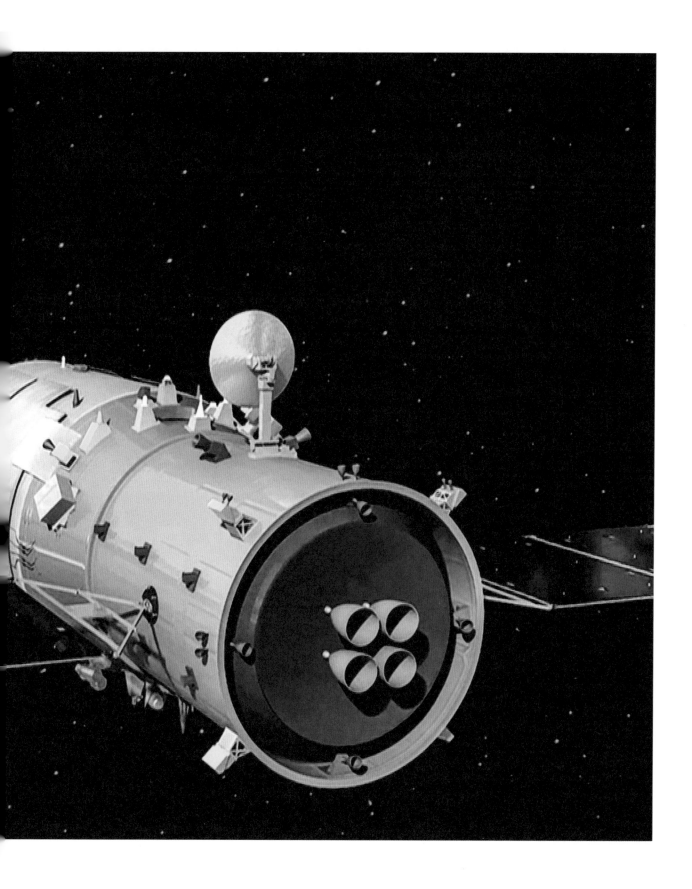

大飞机"梦工厂"

2017年5月5日，是一个被中国航空史铭记的日子，在这一天C919首飞成功。萦绕中华民族百年的"大飞机梦"，取得历史性突破。

浦东制造基地是中国大飞机的"梦工厂"。在这个"梦工厂"里，200多家企业、36所高校、数十万技术员参与大飞机的制造，一条完整的中国民用客机制造产业链正在形成。

1.C919的"血管"——线缆

线缆，就像人体的"血管"，稍有不慎，就会导致连接的"器官"发生故障。

驾驶舱内，连接显示器的线缆，126个孔对应126根线，每一根线都要准确无误地

大飞机的线缆

接通。

这样的线缆，一架大飞机总共有近 3 万根。

这些管线、插接件，都是我国自主生产的航空标准件。

一个国家能够生产的"标准件"越多，整体工业实力就越强。C919 身上，有 100 多万个标准件。大飞机研制，带动的是中国工业体系整体实力的升级。

2.C919 的"神经"——航电系统

航电系统，是飞机的"神经系统"。

看似简单的拉杆动作，其背后每秒要传输上千万个信号，需要 1000 多台设备配合工作。

此前，全球只有波音、空客拥有大飞机航电系统的集成能力，相关技术严密封锁。

在 C919 身上，中国人研发出了自己的大飞机航电系统。

尖端技术，如同粮食，端自己的饭碗才会香甜。

过去十几年，科研人员在 C919 上完成了 102 项关键技术突破。

3. 大飞机装上"中国心"

给大飞机装上"中国心"，是三代航空人的梦想。

这个梦想，已经在新一代中国工程师手中缔造。

发动机零部件陆续抵达在中国大型客机发动机制造基地，这是一场全国大协作，来自全国 9 个主要制造基地的 200 多家供应商参与了这型民用航空发动机的研制。

这型发动机是为 C919 量身定制的。

发动机工作叶片

飞机发动机，被誉为"现代工业皇冠上的明珠"，摘下它，极为艰难。

国际上，一款新型航空发动机研发周期少则十几年，多则三十几年，比飞机整机的研发周期还要长，而且是高投入、高风险的，世界上仅有美国、英国、俄罗斯、法国能够自主研制。

因为飞机发动机的研制不光有性能的要求，还有安全和运营的要求，即适航和市场的要求，因此研制的指标是非常高的。

发动机高压压气机转子，是发动机内部叶片最集中的核心部件。压气机转子需要每分钟旋转 16000 余转，600 多片工作叶片级级增压，级级升温。

要满足高速、高温、高压、高载、高可靠性的苛刻要求，需要集成理论力学、空气动力学、材料学、特种工艺等诸多学科。

比如说高压压气机转子与涡轮转子对接，中间不允许留有一丝缝隙，任何余量，都会给发动机带来震动，导致灾难。

利用零下 40℃的干冰，让涡轮转子底部直径收缩 0.1 毫米，完成对接装配。看似简单，然而就是这区区 0.1 毫米，能够确保涡轮转子顺利嵌入高压压气机转子，而且严丝合缝。

发动机核心技术研发，没有任何捷径可走，经验摸索只能靠自己。

真麻烦，花钱去国外买发动机就好了嘛，为什么还要浪费这么多人力物力，费这么大劲来研发发动机呢？

核心技术永远是买不来的，饭碗永远是自己手上的才最香。研发成功发动机，会使整个国家工业的整体水平上一个大台阶，这才是真正的意义所在。中国的目标，是打造航空动力的强劲"中国心"，在发动机设计、制造、试验及相关材料研制等方面，全面布局，形成中国航空动力研制和生产的完整产业链。

4. 高温涡轮叶片

叶片，是航空发动机通过燃气产生推力的关键部件。

在中国无锡，聚集着 30 多家叶片和配套企业。无锡用 40 年时间建立的高端发动机叶片制造基地已经形成规模。

让航空发动机高温涡轮叶片能够适应燃烧室 1700℃的高温，是制造涡轮发动机的关键。

研发制造高温涡轮叶片，涉及精密铸造、热障涂层、气膜孔加工等多项复杂技术，其中涂层是避不开的一个重要环节。

喷涂需要由机械手完成，机械手的弯曲角度、喷涂方式、涂层厚度、喷涂成分、喷涂时间，都是花钱也买不来的工艺参数，工程师们需要一个参数、一个参数地调整、测试。

高温涡轮叶片

　　整体叶盘双轴数控压力喷丸机是中国自主研发的，它的作用是提高整体叶盘表面强度和耐用性。

　　要加工的整体叶盘叶片，最薄的地方只有不到 1 厘米，喷枪可移动范围非常狭窄。

　　丸粒必须能够打击到每一个叶片的曲面深处，但喷枪不能与叶片发生碰撞。

　　加工时，直径 0.3 毫米的玻璃丸粒以每分钟 2000 万个的速度从喷枪喷出撞击叶片，在叶片表面形成一层 0.1 毫米的压应力层，以便提高使用寿命。

　　整体叶盘表面强化技术，是全球公认的航空发动机重大技术难题，中国的工程师们历经上万次计算、验证，实现了喷枪的精准运动轨迹控制，在这一领域取得了新的突破。

火箭发动机

从 2015 年开始，"长征六号""长征七号""长征五号"新一代运载火箭相继首飞成功，中国平均每年宇航发射任务在 30 次左右，这是当今世界最密集的发射频次。中国的空间活动正迎来历史上最活跃的时期。

从载人登月，到深空探测，人类信步太空，需要拥有更大运载能力的超级装备。

火箭发动机

发动机是汽车的心脏，对于火箭来说，发动机也是最重要的组成部分。强大而稳定的发动机，是将火箭送入太空、探索宇宙奥秘的法宝。

陕西西安，有一座亚洲最大的液体火箭发动机研制中心，长征家族运载火箭所有的发动机，都是在这里诞生的，这里平均每两天就有一台发动机下线。

对于重型运载火箭来说，不是简单地放上几台发动机就可以起飞的。火箭发动机的稳定燃烧是一个世界性的难题，火箭推力越大，发生燃烧不稳定的可能性就越大。

"长征七号"的发动机使用了一项震惊世界的全新技术——泵后摆技术，这可是重型运载火箭的核心技术。此前，全球只有俄罗斯掌握这种技术，现在，这项技术已经被我们中国的航天人破解和掌握。

什么是泵后摆技术呢？简单来说吧，作为重型火箭，在发射升空时，需要拥有更强

传统发动机与泵后摆发动机

大的姿态调整能力，以抵御气流、燃烧等带来的影响，确保火箭能按既定轨迹行进，一点点的偏差都会造成无法弥补的损失。

传统发动机是整体摆动，就像让一个全身摇摇晃晃的人走一条直线一样不太容易，而泵后摆技术将摇摆装置后置，设计在涡轮泵的后端，局部摇摆，整体火箭的晃动就会减少。同时，泵后摆技术能使发动机体积缩小，节省出来的空间可以为运载火箭并联更多的火箭发动机提供可能，从而实现超大推力。有了超大推力，火箭才能运送更多的东西进入太空。

中国第一台泵后摆发动机就是在这个发动机研制中心研制成功的。在往火箭上安装之前，工程师们将它运往 50 千米外的秦岭深处，那座亚洲最大的液体火箭发动机试车台进行试车。

喷注器

　　工程师们为这台发动机装上采集压力、温度、流量等数据的共 319 个传感器，这套中国人研发的火箭发动机传感器系统，全世界只有中国、俄罗斯、美国拥有。借助这些传感器，发动机运转的每一个动作细节，工程师们都能完全掌握。

　　火箭发动机试车台，相当于一个小型火箭发射场，试车的每一步都完全模拟真正的点火过程，必须确保绝对安全，万无一失。

　　点火试验持续 50 秒。泵后摆发动机面临近两万转高转速、3000℃高温的考验。在火箭发动机的内部，点火时的瞬间压力会达到 120 吨，相当于将黄浦江的水打到高海拔的青藏高原上。只有试车台上那四根形似牛腿的巨型静架，才能将它牢牢按住。

从点火开始到形成最大推力只需两秒钟。整个试验台架在强烈的震动中，稳如泰山。群山之巅的声声轰鸣，仿佛是中国航天梦一次次实现的回响。泵后摆发动机所有部件完美运转。成功了！中国首台泵后摆大推力火箭发动机终于实验成功了！

长征系列运载火箭的身体里装上了这台强大的发动机，便有了足够的决心和信心，向着更远的太空迈出坚实的步伐。

小重敲黑板知识点

泵后摆发动机使用的是液氧煤油，发动机工作时330多个喷嘴，会不断喷出煤油和气态氧，雾化后，在燃烧室激烈相遇。喷注孔直径的大小、阵列的排布方式等关键参数，中国工程师们已经完全掌握。

发动机内部黄色的隔温材料是中国自主制造的，可以耐受点火时3000℃的高温。有了这个"黑科技"的加持，燃料燃烧时，其他部件才能安全无恙。

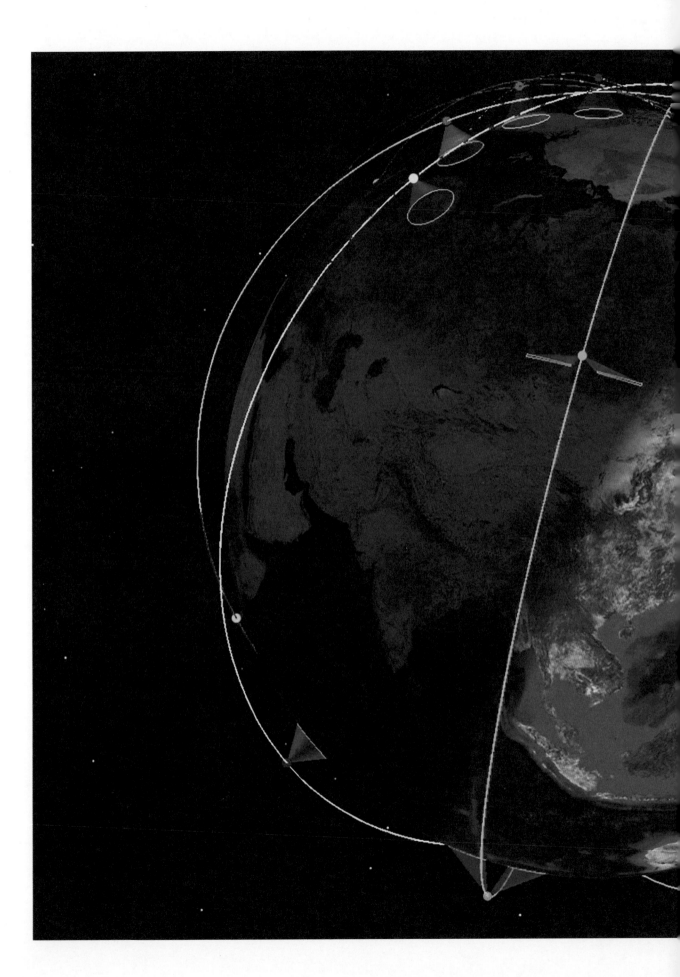

赢在互联

大数据、云计算、移动互联网，以新一代信息技术为代表的科技革命风起云涌，它正以前所未有的力量，改变着人类的思维、生产、生活和学习方式。建设网络强国的愿景已经织就，信息装备和技术正成为这个东方大国赢得未来的强大驱动力。

天地一体化网络

经济强国，必是空天强国。

距离地面 100 千米到 3 万多千米的空域，卫星频率和卫星轨道资源已经是全球必争的宝贵战略资源。

在现代通信、环境监测、资源勘探、军事国防中，卫星都承担着重要角色。

目前我国在轨卫星数量超过 300 颗，仅次于美国，位居世界第二。构建"互联网

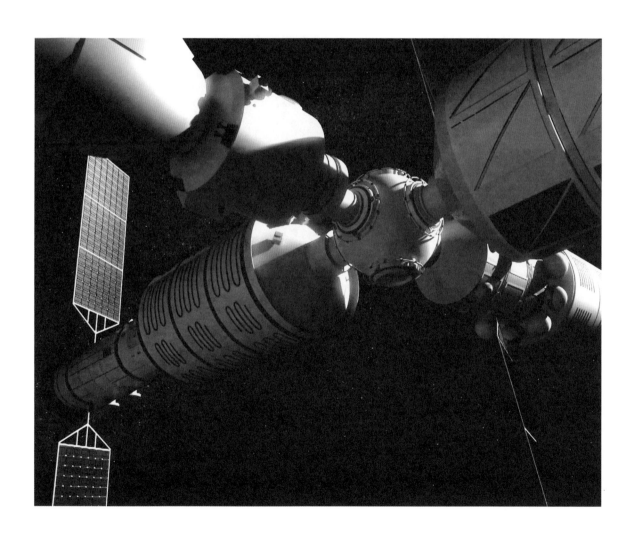

+卫星"的天地一体化网络，是中国国家级重大科技项目。

摆在中国工程师们面前的两大难关，一是提高卫星精度，二是加速布局。

1."高景一号"

2016年12月28日，由中国自主研制的光学遥感卫星"高景一号"发射成功，当时它是全球同体量分辨率最高的光学遥感卫星，分辨率高达0.5米。此前，同级别高精度光学遥感卫星，只有美国、法国、韩国能够制造。

"高景一号"运行一年就已经完成全球2456万平方千米成像，为全国钢铁行业去产能效果监测、全国第三次农业普查提供了有力支撑。

遥感图像只有达到亚米级的分辨率——0.5米级别的分辨率，在国际遥感图像市场上才具有竞争力。

在距离地面530千米的太空，拍摄高分辨率图像，首先要突破相机镜片的高精度技术。

镜片的材料、研磨的工艺，是航天大国严守的秘密，2016年被中国工程师们破解。

变速控制力矩陀螺，是另一项确保遥感卫星拍摄清晰度的核心技术。黑色的陀螺仪，可以使卫星姿态快速机动和稳定。中国是全球第三个掌握变速控制力矩陀螺应用的国家。

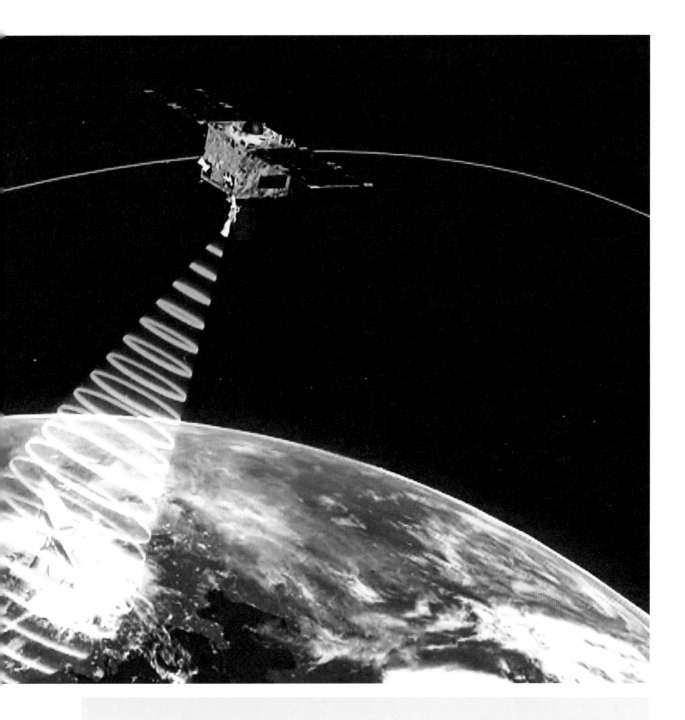

小重敲黑板知识点

　　以往我们的卫星是 1 米级别分辨率，这个分辨率能从太空中看清大型广告牌的字体；而 0.5 米级别分辨率，就能让你看清路上正在跑步的人，能分辨出路上汽车前玻璃和后玻璃的形状。

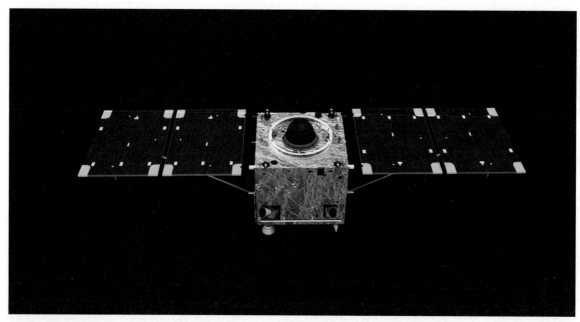

高分辨率遥感卫星

一个国家如果没有地面试验设备，就不可能制造出卫星。

中国自主研发的平行光管试验台，已经为中国十几颗高分辨率遥感卫星提供了试验验证。

在这个平行光管试验台的测试靶标上，分布着40根直径10微米、黑白相间的细线。

卫星相机如果能清晰分辨出这些细线，就意味着遥感卫星在530千米的太空，能分辨出0.5米的物体。

测试结果很完美。

小重敲黑板知识点

我们必须拥有自主获取高分辨率遥感图像的能力，因为一旦形成国外垄断遥感数据的局面，想要限制我们的话，我们就没有途径去获取这种高分辨率的图像了。

三维五轴激光头

2. 制造卫星的超级装备

用来制造卫星的超级装备，也迎来了新的突破。

2010 年，中国第一台自主制造的三维五轴激光机床，正式交付使用。

三维五轴激光机床是加工异形曲面卫星零部件的利器，代表着目前全球数控机床的最高技术水平，过去一直被德国、日本、意大利的少数行业巨头把控。

这台机床的激光头围绕一个点，做全维度 360 度旋转。看似简单的绕点运动，其背后需要依托数控系统设置的空间算法，每一秒都要进行超过 1 万次的复杂计算。

作为机床装备的"大脑"，三维五轴激光机床数控系统被视为重要的国际战略物资。

中国工程师们用了整整 8 年，才实现最终的突破。

研发的每一步都是难关。

从激光头的肩部到肘部再到腕部，内部直径 8 厘米的狭小空间内，需要容纳 50 组电路信号、20 组高压水、气通道。

作业中，任何一组出现泄漏，价值数百万元的激光头都会报废。

机头如何密封，曾困扰中国机床行业 10 多年。

工程师们为三维五轴激光头的主轴安装密封圈时，首先将密封圈放入热水软化，再用手捏成心字形，放入孔径。这种独特的安装工艺是中国工程师的发明，它可以将密封

密封机头，不就和我们保温杯的原理一样，使用密封圈吗？

哈，你终于蒙对了一把，就是密封圈。不过这些密封圈可和我们保温杯里的不一样。

圈牢牢嵌在沟槽里，避免密封圈在使用中发生形变。

　　长 86 厘米的主轴，需要放入 20 个这样的密封圈。

　　制造一个三维五轴激光头，总共需要 100 多种不同型号和规格的密封圈。

　　机头最后一道密封圈，可以保证 20 千克的高压气体在内部做功时，不发生任何泄漏。

　　在确保不泄漏的前提下，密封圈数量越少，激光头运动时的阻力越小，运动姿态才能越流畅。

　　中国自主设计制造的三维五轴激光头，密封圈数量只有国外的三分之二，一半以上的密封圈都采用了新材料。

　　第一台国产三维五轴激光机床，试生产准备就绪。

　　切割开始后，激光头上下浮动，始终与零件保持着 0.7 毫米的距离。

咱们拥有自己的高端数控机床，也就意味着离成为空天强国、制造强国不远了。

别急，咱们的这台国产三维五轴激光机床组装完成了，是骡子是马得拉出来遛遛，得试试好不好使呀。

完成一个拐弯，传统加工工序要使用四五种设备，至少花 3 天；现在，只要几分钟，就能一次性完成数百甚至上千个孔径和复杂工序的精加工。

有了这种超级装备，航空航天零部件的制造周期可以压缩到原来的十分之一。

中国已经成为继德国、日本、意大利之后，第四个完全自主掌握三维五轴激光加工技术的国家。

中国的目标，是在空天领域实现机床国产化，并带动中国制造业整体向高质量、高效率加速跃升。

三维五轴激光头测试

微波卫星

小重敲黑板知识点

　　以前中国研制一颗卫星的时间是 8 年左右，现在我们有了各种各样的装备，就可以将卫星的研制时间压缩到 4 年左右，中国正大步迈向航空航天强国。

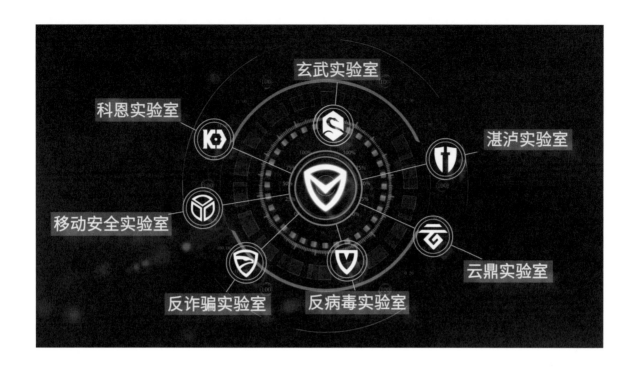

互联网的正义者联盟

这世界上真的有黑客吗？就像电影里的黑客那么厉害？万一黑客攻击我们的网络，让我们从此以后再也上不了网了可怎么办？

网络病毒、黑客当然真实存在啦，电影艺术也是源于现实生活嘛。不过你也不必杞人忧天，因为守护我们网络的战士，一样很强悍。

没有网络安全就没有国家安全。建设网络强国，中国需要构筑起虚拟世界的铜墙铁壁。

近年来，网络攻击呈现出"爆炸式增长"，越来越多地威胁全球经济安全，甚至具备影响国家关键基础设施的能力。

但是魔高一尺，道高一丈，对抗网络攻击，正义力量正在汇集。

1."暗云 3"狙击战

警告，警告，病毒来袭！

腾讯网络运营中心，是腾讯安全级别最高的部门之一，维护着遍布全球几百万台服务器的运行状态。此时，大屏幕上，紧急事件预警警报声密集地响起。

又是木马病毒"暗云 3"！

木马病毒如同僵尸一样被黑客深埋在电脑启动磁盘中，平时不影响电脑使用，一旦感染形成规模，幕后黑客会发出指令让"僵尸"集体"复活"，对互联网进行强大攻击，

造成大面积网络瘫痪，形成社会事件。现在，"暗云3"再一次发起大规模网络攻击。这通常是顶级黑客所为。病毒早已不是黑客的恶搞游戏，已经演变成为实实在在的杀伤性武器。全球网络的联通，让任何国家都不可能置身事外。

腾讯所有负责网络安全的骨干成员们严阵以待，很快找到了病毒的藏身之处。他们即将开展最大规模的阻击战，这是一场在互联网世界中没有硝烟的战争。

为了对"暗云3"进行全网查杀，更多正义力量正在汇集。

中国互联网上的正义者联盟出动，他们不仅包括腾讯的七大实验室，还包括国内顶级网络安全公司以及重大基础设施的网络安全部门，他们与政府部门信息共享、协同作战，共铸中国网络安全的钢铁长城。

联盟伙伴的分析报告，陆续汇聚到腾讯安全负责人的电脑中。

2. 0.01 秒的决战

很快，被命名为"永恒之盾"的杀毒模块开始进入编写阶段，它将在电脑系统的最底层斩断病毒与内核的连接。

"暗云3"病毒，不会轻易坐以待毙。杀毒信息的公开，也意味着"暗云3"将很快被激活，发起大规模攻击。

这是一场生死时速的较量，从发现"暗云3"的蛛丝马迹，到决战正式开始，双方已经暗战15天。最后的决战即将到来。

决战，不到0.01秒。

在中国互联网正义者联盟的共同努力下，"暗云3"被彻底剿杀。

互联网上每天新产生的病毒成千上万，黑客攻击也从来没有停止过。互联网上的战役，明天还将继续。安全不容有失，但中国人守护全球互联网安全的决心不会改变。

互联网、物联网、云计算、大数据，不断推动网络强国、数字中国建设取得新进展、新突破。

未来，中国与世界信息共享、协同创新。中国智慧、中国力量必将再次创造撬动地球的奇迹。

空间站

一项项尖端空间技术的重大突破,向世界展示着中国建设创新型国家的信心和底气。

"神舟十号"飞船,开启中国应用性太空飞行时代。

"天宫二号",让中国拥有了第一个真正意义上的空间实验室。

中国首艘货运飞船"天舟一号",顺利完成推进器在轨补加、快速自主交会对接等多项任务。

中国载人航天工程只用了 25 年,就跨越了发达国家近半个世纪的发展历程。

中国航天,宣告迈进空间站时代。

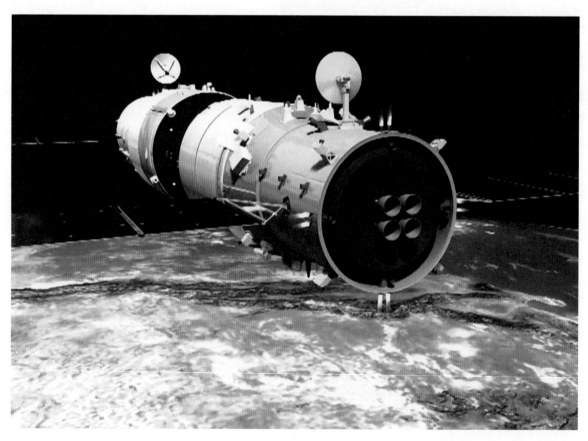

空间实验室

赢在互联 49

1. 空间站的机械臂

机械臂，大家一定不陌生，大到汽车生产工厂，小到街边售卖果汁的自动贩卖机，机械臂在人类的生产生活中逐渐发挥重要作用。当然，在空间站这个集各行各业高科技于一体的人类太空科研前哨站上，也能见到它们的身影。

空间机械臂本身就是一个智能机器人，具备精确操作能力和视觉识别能力，既具有自主分析能力也可由航天员进行遥控，是集机械、视觉、动力学、电子和控制等学科于一体的高端航天装备。

中国载人航天工程的空间站项目启动后，就开始了空间站机械臂的研究。在保障控制定位精度的同时进行远程控制，还要具备视觉识别和自主分析避障能力。

中国自主研制的第一只空间机械臂，可以像人的手臂一样灵活。为了测试它的性能，在上太空之前，要先在地面进行模拟实验。

地面试验的首要难题，就是太空微重力环境模拟。

让机械臂悬浮，抵消自身重力，必须依赖一些黑色圆形气足，这是中国自主研发的太空微重力试验装备。气足会向下喷气，与地面形成一层只有头发丝四分之一厚的气膜。

空间机械臂

试验开始，机械臂的水平运动姿态实时显示在屏幕上。

根据实时采集到的数据，工程师们能演算出机械臂的抓取能力。机械手缓缓靠近，牢牢抓住目标物体，完成拖拽。试验成功！

中国是世界上仅有的几个独立掌握大型空间机械臂核心技术的国家之一，这是进入空间站时代必须攻克的重大关键技术。

我一直不知道，宇航员们在远离地球的宇宙中，没有空气、食物，没有水，是怎么生存下来的。是不是像电影《火星救援》里一样，用自己的屎尿种土豆维持生命？

那只是一部科幻电影，不过科幻也源于现实。为了实现探索宇宙的梦想，我们需要做许多准备。太空舱人工生态系统，就能满足宇航员们在太空生活的基本需求。

2. 在太空中怎么生活

如果人要在地外试验中长期生存的话，从地球上补给，不管是从费用上，还是从技术上几乎是不可能的，只能利用太空舱，最大限度上循环再生。要实现氧气、水、食物等各种物质的循环利用，构建人工生态系统，这是所有载人航天大国都希望站上的技术制高点。

在上太空之前，太空舱人工生态系统密闭生存试验就已经于 2017 年 5 月 10 日提前开展了。为了这次试验，工程师们准备了整整 13 年。

此前全球太空舱模拟密闭试验最长的时间纪录是 180 天，由俄罗斯创造。这次，中国挑战的目标是 365 天。

宇航员的主食来源，是植物舱里 60 平方米的"小麦田"，舱内可见的紫色光源，是为光合作用特别设定的光谱频段。这些小麦按生长周期分为 30 批，每周三次的小麦收割，都经过了精确计算。

除了小麦，植物舱里还有近 40 种作物，在这 365 天的封闭试验中，除了一些做饭用的调料和植物生长必需的养分可以携带进舱，其余大部分都必须自给自足。

在太空舱里，尿液都是宝贵的，尿液经过回收净化，可以用来种菜、种小麦。

这次密闭生存试验中，面包虫是很重要的角色。面包虫学名叫黄粉虫，是一种国际上公认的安全可食用的虫子，富含高达 60% 的蛋白质，可以为宇航员提供优质的动物蛋白。这种面包虫以新鲜的菜叶子为食。

空间站内的"小麦田"

有了蔬菜，有了主食，没肉怎么办？光吃素，宇航员们受得了？太空舱里要怎么保证肉食的供给呢？养鸡鸭鱼吗？

那你要的也太多了。喏，这种面包虫，就是宇航员们最好的"肉"。

月宫一号实验舱

此前，其他国家都是在植物和人之间构建太空生存系统，中国是第一个增加微生物和动物环节的国家。这将是一次颠覆性技术突破。

因为外源少了，就要把更多的废物循环再利用，这样使得这个系统能够平衡稳定地运转。现在，咱们的太空舱人工生态系统密闭生存试验已经实现了氧气和水 100% 循环利用、80% 以上的食物循环利用，试验系统的总闭合度达到了 98%。这是目前全球的最好成绩。

4. 空间站对接

太空舱生存试验进行的同时，空间站对接机构的碰撞试验也在进行。

两个飞行器要在太空对接，对接机构十分复杂。

因为要为航天员留出转移通道，上百个传感器、上千个齿轮轴承、数以万计的零件和紧固件，只能安装到周边。如何确保两个飞行器对接时不撞坏、不弹开，对接环节还能反复使用？这涉及几十个学科的研究工作和大量的试验。工程师们还要在大型对接试验台上进行超过 500 次的对接试验，采集核心数据，并将对接机构的使用寿命从天舟时代的两年，延长到空间站时代的 15 年，满足未来中国空间站在轨运营 10 年以上的需要。

国际航天专家预测，2024 年中国将成为世界上唯一拥有空间站的国家。

小重敲黑板知识点

载人航天一定是大国才能做的事情，一定是有为人类发展、为人类进步、为人类文明作出贡献的有担当的大国才会去做的事情。

以火箭、大飞机、卫星、空间站为突破点，中国航空航天已经成为中国制造迈向中高端的先锋力量。

站在迈向中华民族伟大复兴的新起点，中国的航空航天事业正凝聚起中国精神、中国力量，开启新的征程。

太空舱对接

Pre5G 空分复用技术

没有信息化，就没有现代化。

为了让亿万人民在共享互联网发展成果上有更多获得感，中国信息通信基础设施的建设也在加快。

想象一下，你在看一场演唱会，现场 6 万人，大家都很激动，都想发朋友圈显摆一下。几分钟发一个九宫图，或者在朋友圈里发视频，让朋友们实时和你共享演唱会的盛况。但是，如果所有人都在同时使用网络，网络信号太差无法与朋友分享，这可怎么办？不怕，我们有 Pre5G 空分复用技术，通过天线构建虚拟映射信道，实现频谱资源的高效利用，让大家享用更高速的带宽，比 4G 快 100 倍！

这是怎么做到的呢？首先，我们需要一辆黑色特制大巴车和 30 米高、悬挂有 9 个 Pre5G 基站的铁塔，它们将与 6 万名歌迷的手机一起，进行 Pre5G 空分复用技术的实景验证。

这辆特制的信号测试车，需要不停绕场行驶，它将监测演唱会周边两千米范围内的所有信号。

从 4G 到 5G，就像交通提速。如果把信号比作车辆，道路比作带宽，想提速，要么拓宽道路，要么把车辆变小。

空分复用技术会通过天线构筑虚拟映射信道，相当于架设出多条虚拟道路，让更多信号跑在不同的虚拟道路上，实现频谱资源的高效利用。这是中国工程师们的创造。

不更换 4G 手机，只更换基站的一部分设备，用户就能享用更高速率的带宽。空分复用技术可以在资源不变的情况下，成倍地把效率提升，这是让百姓受益、国家受益的中国方案。

这时候，现场手机实时直播、发朋友圈，测试信号非常流畅，完全没有卡顿。

这样的测试，不仅仅用在演唱会上，5G 测试车奔驰在全国各地，上千场超大规模试验正在进行。

18.45 亿户移动物联网连接数、231 万多个 5G 基站，一个世界上最大规模的移动互联信息交互系统在中国建设完成。

全球最大的用户市场，就是最好的试验场，是信息基础设施建设最好的支撑，这是领跑 5G 时代，中国的优势所在。

这种优势正在被世界瞩目。

小重敲黑板知识点

2017 年，巴塞罗那世界移动大会，中国推出全球首台 5G 高频样机，比 4G 高出 100 倍的出色表现，让全球运营商、设备商为之赞叹。

"十三五"期间，中国启动 5G 商用。

虚拟现实、无人驾驶、物联网，所有这一切都要通过 5G 技术来实现。

从 2G 跟随、3G 突破、4G 同步，到 5G 引领，中国已经是引领全球通信技术的主力。

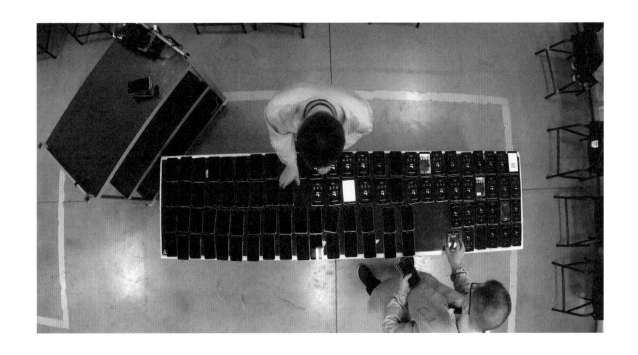

造"芯"之路

大器，你知道咱们的手机、平板、电脑等电子产品的灵魂是什么吗？

核心？呃……是屏幕？电池？不对不对，应该是主机。

别瞎猜啦，都不对。电子产品最重要的核心和灵魂是芯片。一个很小的薄片，上面排布了许许多多的晶体管的小东西，就是芯片。

芯片就是以半导体为原材料，把集成电路进行设计、制造、封测后，所得到的实体产品。半导体芯片是信息化时代的基石，也是当今尖端制造的制高点。

芯片是手机、电脑、平板这类电子产品的核心与灵魂。不过，这些电子产品的核心和灵魂不止一个，比如说手机里的芯片加起来有100多颗，每一颗芯片分别控制不同的功能，如触屏需要有专门的触控芯片，存储信息需要有存储芯片，实现通信功能要有射频芯片、蓝牙芯片……芯片是数字世界的基石，更是物质世界与数字世界的唯一接口，芯片技术决定了我们信息技术的水平。

没错，就是这么一个不起眼的小东西，却是我们在数字世界里开疆拓土时的飞船、锄头、枪炮。今天，谁控制了芯片，谁就控制了我们和数字世界的一切连接。

可惜的是，国产芯片的起步很晚，国外已经有成熟技术了我们才开始搞芯片，所以在发展上一直不尽如人意，跟国外还有很大差距，非常依赖国外的芯片进口。

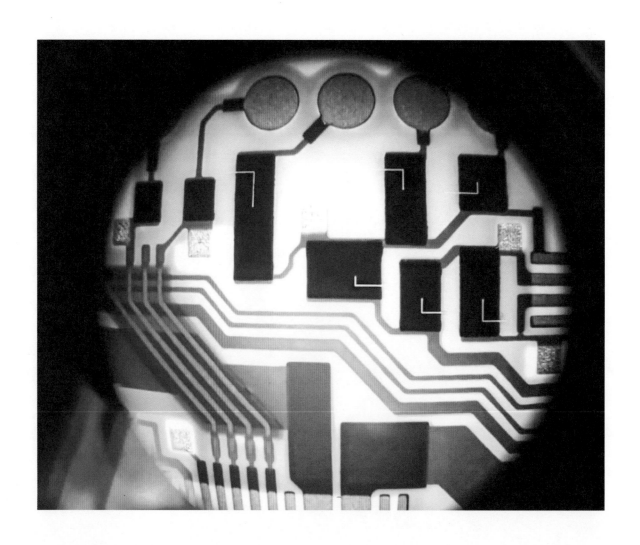

全球芯片制造已经进入 5 纳米器件的量产时代。相比之下，中国的芯片制造目前仅停留在 14 纳米的量产水平。

中国 2022 年进口的芯片总额超过 4000 亿美元。芯片制造是中国输不起的领域，要想在关键环节不受制于人，我们必须拥有自主制造芯片的技术，必须向世界上最先进的芯片制造装备发起挑战。

2016 年，上海，中国自主研发的第一台 7 纳米刻蚀机，也是芯片制造和微观加工最核心设备之一，终于问世。它采用的是等离子体刻蚀技术。利用有化学活性的等离子体，在硅片上雕刻出微观电路。7 纳米，相当于发丝直径的万分之一。这是当时人类能够在大生产线上制造出的最小的集成电路布线间距，接近微观加工的极限。

喷淋盘，是 7 纳米刻蚀机的最后一项技术攻关。

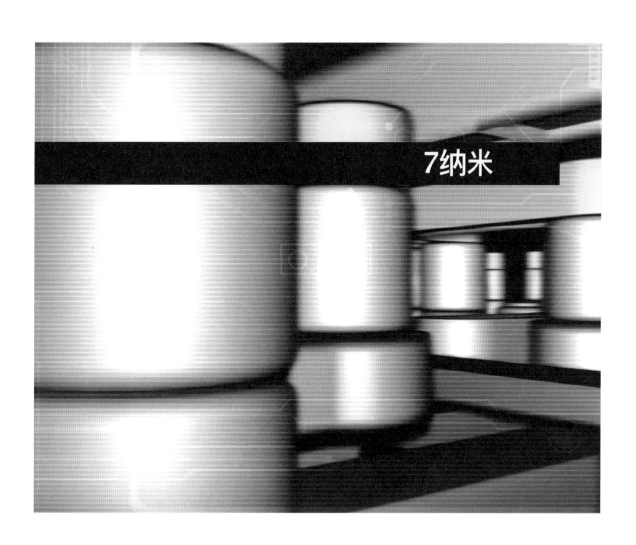

这个直径接近半米的喷淋盘上，均匀地分布着超过1000个细小的圆孔。在以高纯铝作基材的喷淋盘上，镀上高致密特殊陶瓷薄膜，是中国首创。不同化学成分的气体正是通过这些小孔进入反应腔体，在射频作用下形成等离子体。

接下来，喷淋盘还要再接受30小时的烧制考验。30小时里，原子还要经过5万次堆积，镀膜厚度才能最终达到上百微米。

烧制完成后，喷淋盘要在光学显微镜下进行全面检验。结果，喷淋盘表面涂覆均匀，厚度超过100微米，完全符合设计要求。

最后，7纳米刻蚀机进入验证环节。机械手将硅片放入密闭的等离子刻蚀机中，机器运转一切正常。

中国芯片制造装备终于与世界最先进水平同步。为了终结中国"缺芯少屏"的历史，中国工程师们数十年的努力也迎来阶段性的成果。

喷淋盘

柔性屏量产

我的平板电脑屏幕又摔裂了，好心痛！要是屏幕是软的就好了，至少不会一摔就裂。

哈哈哈，你的梦想马上就会成真了，我国马上就要迎来"柔性屏"时代了。

作为全球最大的液晶面板需求市场，中国已成为全球拥有高世代液晶面板生产线最多的国家，智能屏、触摸屏产量双双位居世界第一。

如今，中国迎来了柔性屏时代。

柔性屏，指具有可弯曲、折叠、卷曲等多种形态，柔韧性佳的显示屏幕。相较于传统屏幕，柔性屏幕优势明显，不仅在体积上更加轻薄，仅有0.03毫米，功耗上也低于原有器件，有助于提升设备的续航能力，分辨率也更高；同时基于其可弯曲、柔韧性佳的特性，其耐用程度也大大高于以往屏幕，降低了设备意外损伤的概率。

低功耗、高分辨率、仅有0.03毫米厚度的柔性屏，正在给终端显示领域带来全球性的革命。

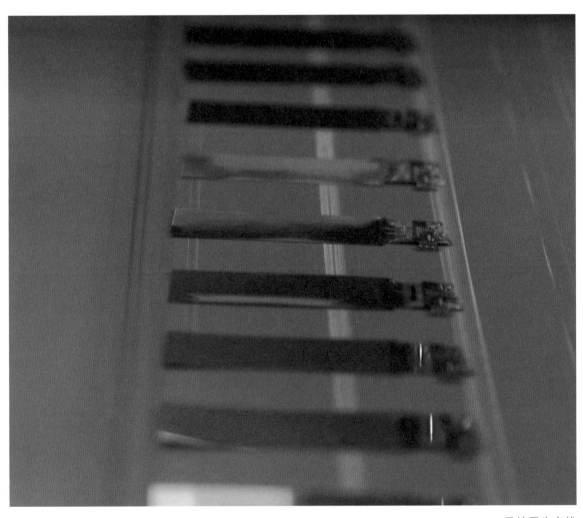

柔性屏生产线

全国最大的柔性显示屏"超级工厂"在成都，大小相当于 7 个"水立方"。

"超级工厂"中有一条生产线，是世界上仅有的两条柔性屏批量生产线之一，另外一条在韩国。

重资产、重装备、高技术、高风险，是柔性屏研发的巨大门槛，就连美国、日本这样的电子巨头，都不敢轻易涉足这个新领域。

2017 年，中国自主研发的首条第六代柔性显示屏生产线终于迎来量产。

1. 柔性屏生产流程环节一

机械臂抓取，是柔性屏生产流程的第一个环节。

这条六代生产线上的柔性屏制造，基础是一张长 1.85 米、宽 1.5 米的玻璃基板，厚度只有 0.5 毫米。

机械手上近 20 个真空吸盘的着力点和吸力大小必须精准配合，即使微小的用力偏差都将导致玻璃基板报废。

机械手每一次抓取的角度、力度、速度和平坦度都经历了几千次的测试。

经过清洗、烘干，玻璃基板会由机器人运输到全封闭的蒸镀封装机。

机械手臂

掩膜版上的网孔

2. 柔性屏生产流程环节二

十几种有机发光材料会在蒸镀机中被汽化，并均匀地凝结在玻璃基板上，形成柔性膜层。

一块薄薄的铁镍合金金属片，就是决定柔性屏显示色彩的核心部件。

5.5 英寸的掩膜版上分布着 370 万个网孔，每个网孔都有独特尺寸。

控制好这些网眼大小，是最核心、最大的难题之一。即便是 1 微米的网孔变形，也会造成柔性屏显示偏色。工程师们在上百种干扰因素、几十万个数据中，找到了掩膜版网孔的变形规律，创造出中国独有的反变形设计，成功实现蒸镀过程中 370 万个网孔大小均为 25 微米。

蒸镀后的柔性膜批量生产出来。

机械臂刀片切割玻璃基板与膜层

3. 柔性屏生产流程环节三

最后的紧张环节即将到来，柔性膜需要与玻璃基板分离。

机械臂必须将 0.3 毫米厚的刀片准确插入玻璃基板与膜层之间，将它们的边缘切割开。

柔性膜厚度不到 20 微米，比一张打印纸还要薄。

刀片切入误差必须控制在 0.1 毫米，才不会划伤柔性膜而导致整张膜报废。

为找到良品率更高的刀片切入角度，工程师们研究了 4 年。

整套生产线连续运转 200 小时后，中国第一条六代柔性屏生产线成功实现量产。

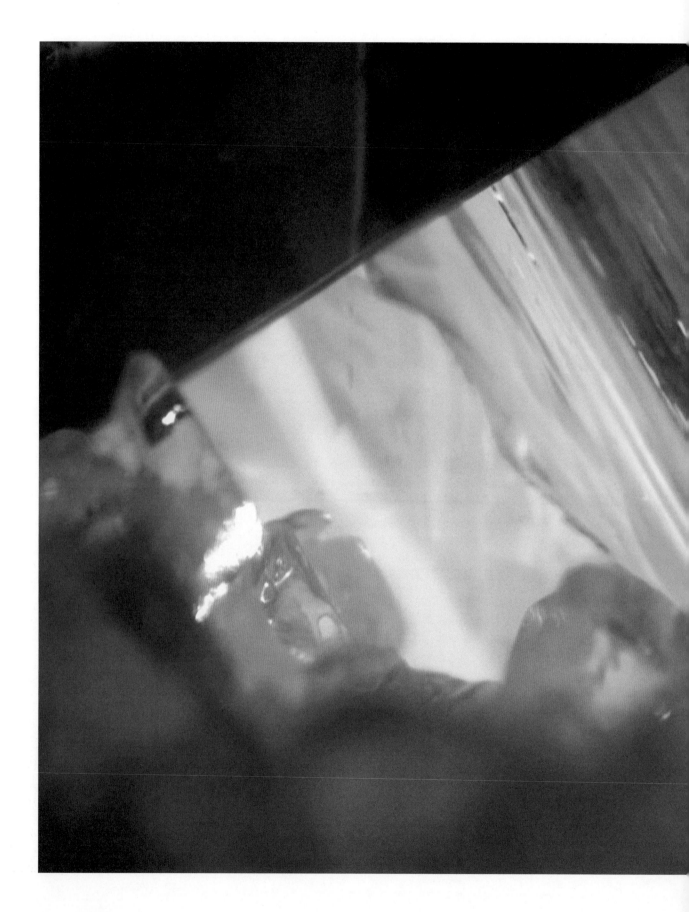

小重敲黑板知识点

多年来中国电子信息产业一直"缺芯少屏"，这些基础的东西只能依赖外国进口，受制于人的局面一直是中国高端制造业的痛点。而解决这一痛点就需要集中资源攻关核心技术上的"卡脖子"问题。

3000 名工程师，10 年储备，4 万个技术难关攻破，终于将中国显示屏制造产业带向世界最先进行列。

从"缺芯少屏"到"芯屏器和"，中国终于实现了全面逆袭。今天，中国已经是全球最大的屏幕生产国、出口国了。无论是产业规模、创新实力还是市场占有率等，"中国屏"都已经居于全球显示产业引领者地位。

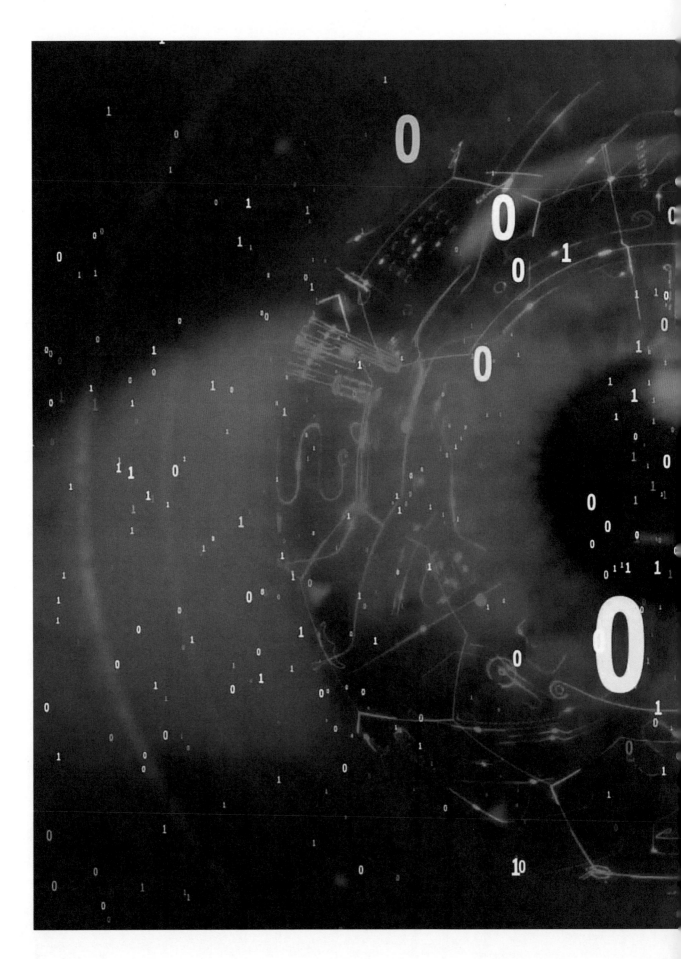

数字
新引擎

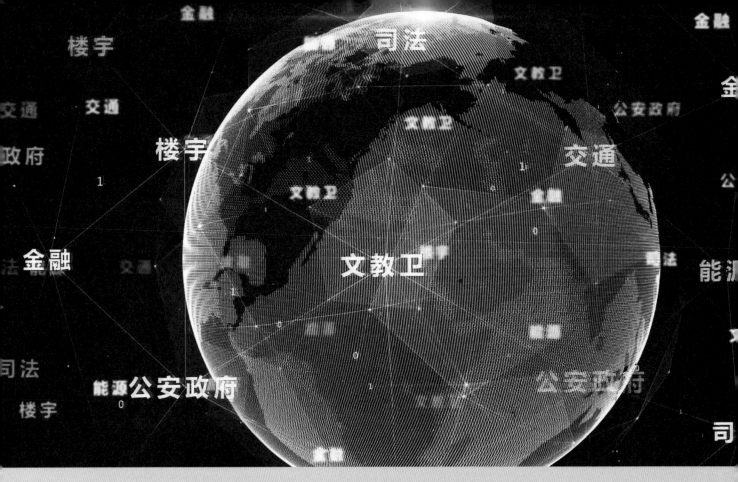

　　纵横捭阖的算法、澎湃激荡的算力，新的数字引擎正在加速形成，数字技术催生的一系列新科技正在深度改变这个世界。国之重器北斗为我们提供精准时空坐标，5G技术助力传统码头向自动化码头蜕变，机器人立体视觉系统使重型装备柔性化生产得以实现，中国人正在用智慧创造驱动国家破浪前行的超级引擎。

无处不在的人脸识别

大器，如果一个人走失了大概 4 小时，你猜猜，需要多长时间才能找到他呢？

4 小时，那已经走了很远了，这么多岔路，还有这么多商铺和小区，要想找到，无异于大海捞针，就算是很多人一起找也得找上一天吧？

那你可太小看咱们国家警察的效率了，我告诉你哟，只需要 25 分钟就能找到。

寻找一位走失老人，需要几步？

第一步：报警中心接到了一位失智老人走失的求助电话。通话尚未结束，老人的身份信息已经检索出来。

第二步，根据老人离家的时间和步行速度推算，在电子地图中圈定了一个5千米的重点搜索范围。

第三步，调出范围内的监控摄像头。即便是范围已经缩小，但摄像头内记录的依然大约有10万人，这时，就需要调出中国自主研发的新一代人脸识别智能系统。

第四步，重点区域的近千个摄像头，将实时抓拍的每一帧人脸画面发送到指挥中心，后台系统进行照片比对。每秒上万帧画面、数千万次的运算，这种超强的识别和计算能力是人工无法具备的。

第五步，老人的搜索还在继续，接到报警已经10分钟，在此期间摄像头没有捕捉到目标人像。于是，警察开启人脸库检索系统，对全市上万个摄像头4小时内采集到的所有视频录像进行检索。只用了5秒钟，老人的身影就呈现在大屏幕上。随着系统比对出的视频越来越多，老人的行踪轨迹逐渐串联起来。

第六步，警察精准比对出走失老人。找回老人，整个搜救过程只用了25分钟。

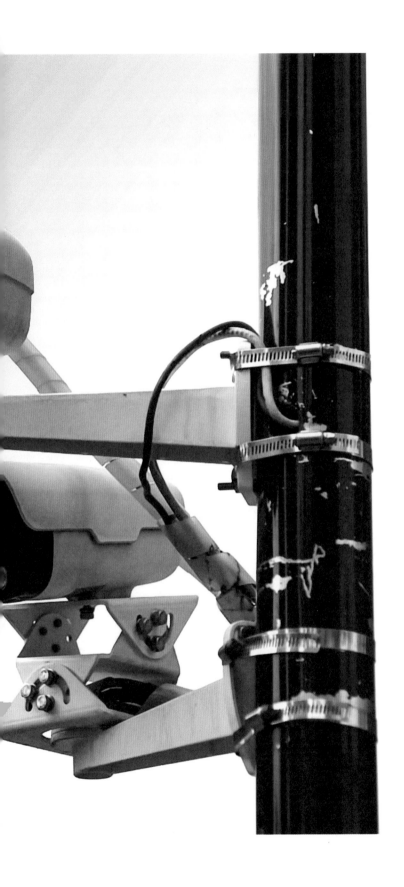

我国是全球治安保障最好的国家之一。在中国，晚上出门撸串，不用提心吊胆担心被人劫持；清晨出门跑步，也不用担心遇到坏人；老人走失，也能很快找回：这一切都得益于人脸识别技术的支持。通过超强的识别和计算能力，我们不仅能寻找走失人口、抓捕罪犯，还能解锁手机、支付等。这项技术目前领先于全球多个国家，可以说是非常厉害了！

现在，中国已经建成世界上最大的视频监控网，这个叫作"中国天网"的大工程，是守护百姓的眼睛。

中国是将人脸识别尖端技术最先用于民用搜救的国家之一。人脸，作为全球最大的图像识别技术样本，是智能检测识别精准度的标杆。中国在人工智能以及人脸识别方面实现了弯道超车，目前领先于欧洲、北美以及日本和韩国。

人脸识别技术，不仅仅在民用搜救方面发挥作用，在中国，人脸识别系统的试点应

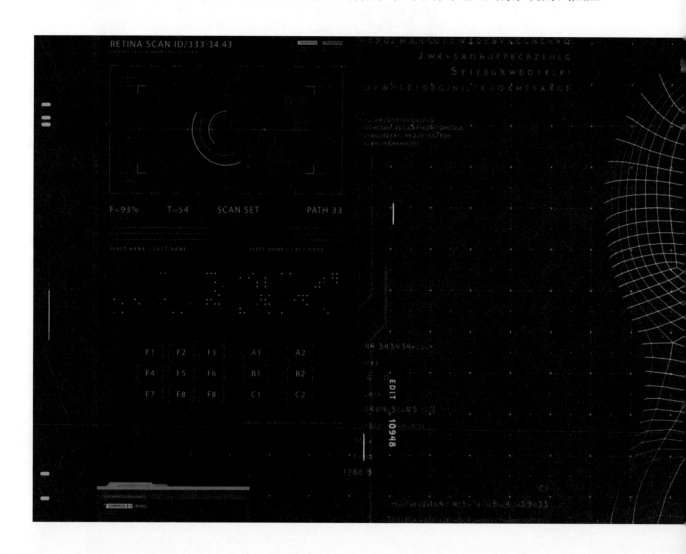

用已经越来越广泛，比如掏出手机，通过"刷脸"和语音识别双重认证，千里之外也可以完成户籍变更、房屋产权交易等。

从安防到民用，从城市到乡村，一个惠及 14 亿中国人的互联网正紧密连接。智能大脑、云计算、大数据，正在支撑起中国人生活的方方面面。

小重敲黑板知识点

中国在人脸识别方面的尖端技术并非一蹴而就。在中国有上百家人脸识别技术研发中心，每年研发投入近 20 亿元。这些研发中心会模拟各种光源环境下的测试。复杂的光线变化、快速移动、面部遮挡、侧脸、模糊、低照度，这些都是人脸识别技术的死敌。面对如此苛刻的限定条件，工程师们采用了深度学习的创新算法，提高辨识率。

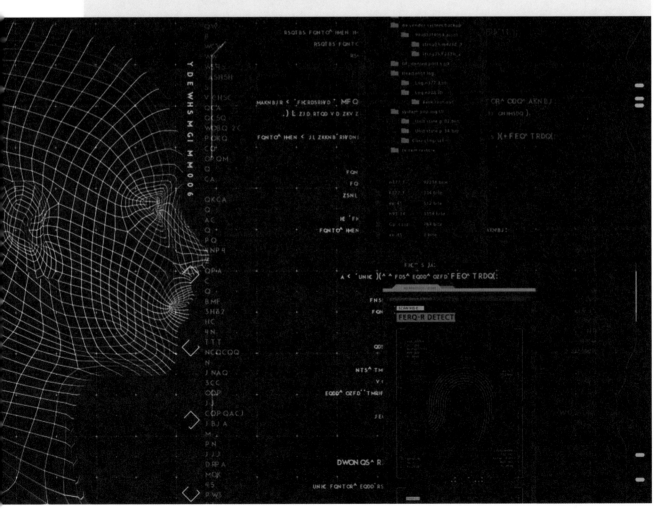

无人仓智能控制系统

"双11"你买东西了吗？昨天抢购的帽子，今天快递小哥就送到我家了，这也太快了，我都担心他是不是就在我家门口外面时刻监视我要买什么了。

快递小哥可没有超能力，让你的快递真正"快"起来的是背后无数个小机器人们。

网上购物已经成为人们日常消费的主流方式，每年的"6·18""双11"，我们都要担心自己买的物品能不能按时送到，而快递小哥都要体验一番被堆成山的快递支配的恐惧……不过，现在我们有了无人仓智能控制系统，不仅大幅度提高了效率，同时也解放了人力。

备货、入库、出库、分拣、配送，24道工序、6大种类、460个机器人环环相扣，紧密配合。这是中国自主研发的无人仓智能控制系统，实现了从自动化到智慧化的革命性突破。

"双11"是全球最疯狂的购物节。中国自主研发的无人仓智能控制系统能不能应对极速暴增的快递考验呢？2017年"双11"时，短短几分钟，订单量比2016年同期翻了一番，未来24小时售出商品将超过7亿件，这将是日常销量的数十倍。

货物多，货物的品类也很多，整个分拣过程和最终的打包，都会有很大的压力。对于中国自主研发的智能大脑来说，这是一场极限挑战。

自动分拣机器人

智能大脑根据每分钟 2500 件的出货量，自动计算出所需分拣机器人的数量。

300 个分拣机器人在 1000 平方米的作业平台上穿梭忙碌。机器人之间的最小距离可以控制在 10 厘米，行进速度每秒 3 米，这是当时全世界最快的分拣速度。

这些分拣机器人行动轨迹看似简单，但是这背后需要智能大脑在 0.2 秒内计算出机器人运行的 680 亿条可行路径，并作出最佳选择。

厉害了，小机器人们，可是如果这些包裹数量再增加，它们还能应付过来吗？

不要小看智能大脑，无论什么情况，它都能应对。包裹数量增加，机器人数量也会相应增加。

当智能大脑监控到的实时包裹量超过了设计产能，系统就会进行跟踪计算，如果这一状态持续 30 秒钟，智能大脑将自动启动峰值应急预案，将有更多的分拣机器人投入工作。

又有 30 个分拣机器人进入作业区，运行速度依然是每秒 3 米，但最小间距已经缩小到 8 厘米。这要求系统运算反应速度至少再提升 10 毫秒。10 毫秒，意味着增加几十亿个数据的计算量。

强大的智能大脑，应对自如。

"双 11"期间持续 12 小时的运行，无人仓 330 台分拣机器人高速分拣零差错。智能控制系统反应速度 0.017 秒，运营效率提升 3 倍，均为世界领先水平。

中国自主研发的无人仓智能控制系统，正在开启全球智慧物流的未来。

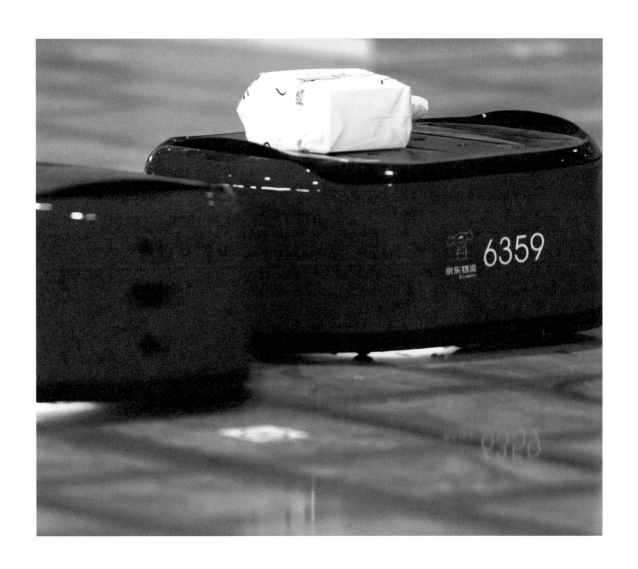

智能制造

　　智能制造已经成为全球制造业战略升级的共同选择，在这条新的起跑线上，没有企业敢掉以轻心。

　　中国徐州，全球规模最大的工程机械制造工厂，每天要处理来自全球 300 多个销售点的订单。

　　高效生产的秘密，就在正在起吊的一个 6 吨重的工件上，这个工件叫转台，是起重机承载重力的核心。

　　就这个转台来讲，有 18 道工序，每一道工序要分成 5 到 6 个工步，一个工位需要等待行车 20~30 分钟。这个车间每天能生产 20 个转台，14000 平方米的车间被积压的工件占据了一半。低效的传统制造方式需要一次彻底革新。

转台

中国的工程师们研制出了柔性工件托盘。托盘上的 168 个固定点能准确卡住每一种转台工件。

这样，18 道工序就能一气呵成。

搭载工件托盘的智能有轨制导车，会与焊接工作站自动对接，完成智能作业。

这道工序过去由人工完成，现在完全靠机器，对接精度很难控制。

搭载工件托盘的物流车在进入焊接工位之前，车上两个液压轴承会将 6 吨重的工件举升到与焊接工位水平的位置上。能否保持工件绝对水平，决定了焊接的质量。

随液压轴承拉伸的钢丝

小重敲黑板知识点

智能物流小车驮着 6 吨重的一个工件，相当于 4 辆小轿车的重量，那么在运行的过程当中，它的惯性是非常大的。要想在 1 个毫米内准确停住，是非常难实现的。想象一下，你背着超级重的物品，快速走路，突然停下来，1 毫米都不能晃荡，是不是很难？中国的工程师们，从琴弦中找到解决的办法——在液压轴承的旁边，装上了可以随液压轴承拉伸的钢丝。钢丝连接的编码器会以每秒 36 万次的速度实时反馈数据，不断给液压系统发出调节指令，确保举升始终保持水平。转台在液压系统精准控制下平稳上升，数据实时反馈，确保举升水平。

将6吨重的工件举升到与焊接工位水平的位置并且能保持水平的秘密，就在智能物流小车的底部三块不到10厘米长的感应器上。它们是控制物流车的行令官，控制着物流车的行驶速度。

当第一块感应器触发定位点后，物流车开始减速、释放惯性，第二块触发时开始刹车，第三块触发则完全停止。

物流车精准到达焊接工作站，分毫不差。6吨重的工件也被准确地举升到焊接工位上。

世界第一条转台智能生产线就这样诞生了。

感应器

智能筒子纱染色设备正在间歇供水

纺织行业中的重器

　　智能制造的大幕已经开启。与全球制造强国相比，中国制造业整体仍处于价值链中低端。

　　在一些甚至被认为不太可能实现智能化改造的领域，中国也在研究传统生产模式的变革。

1. 智能筒子纱染色设备

　　泰山脚下，建成了全球第一个纺织印染智能工厂。

　　这里有世界上第一套智能筒子纱染色设备。

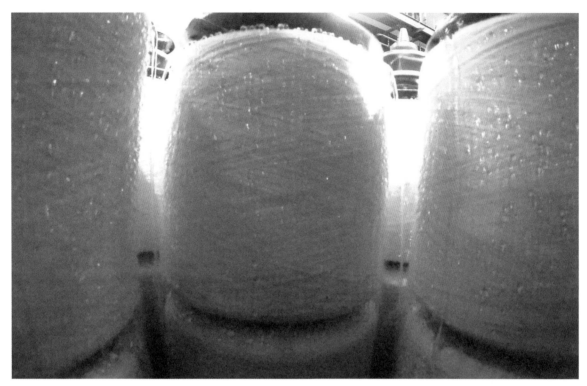

筒子纱

自动控制系统可以将染色过程中的持续供水改为间歇供水，这样每吨纱的用水量就能从过去的 130 吨减少到 40 吨。

纺织行业大量消耗水资源的状况将大大改观。

2. 智能化服装厂

在纺织印染智能工厂的不远处，是全球纺织行业第一家实现智能化的服装厂。

10 年积累下的 2000 多万个人体数据，组成了可以自动匹配 1000 万亿种设计、100 万亿种款式的大数据库，原本需要两三天才能完成的打版现在只需 7 秒。

服装生产有 400 道工序。在智能排产系统的调度下，工人们只需要按照电子标签指示，每天就能完成 4000 套定制服装的生产，生产效率是过去的 100 倍。

3. 数控机床采集卡

珠三角的一家工厂里，工程师们研发出了世界上第一张数控机床采集卡。

这是一种数据提取工具，装上它，工厂里 160 个品牌、200 多种型号的数控机床中的数据，可以被一一提取，并被翻译成统一的语言，输入智能工厂的控制大脑。

这是全球第一次实现跨越国界、跨越品牌的数控机床之间的互联互通。

数控机床采集卡

小重敲黑板知识点

涵盖石化、钢铁、航空、汽车、制药、新能源等 82 个行业的 206 个智能制造试点示范项目，自 2015 年开始在全国设立。两年后，它们的平均生产效率提高了 30%，能源利用率提升了 10%。

数字仿真工厂

数字仿真工厂是假的工厂吗?

当然不是啦。数字仿真工厂是指在虚拟的数字世界中完成产品开发和工艺开发工作,通过虚拟的数字化工厂实时监控现实生产情况。通过虚拟世界中的数字工厂,我们可以快速发现实际生产中发生的问题,并进行问题分析和敏捷反应。听起来就像科幻电影里的那些不可思议的镜头,现在已经成为现实。

智能制造是未来制造业的核心。

智能制造的基础是网络化、数字化，而数字化离不开数字模型和过程仿真。

助推智能制造的这些数字利器，已经出现在中国的智能工厂。

仿真技术最初出现在制造工艺复杂、装配精度要求极高的航空航天领域。通过在仿真系统中的模拟演练，可以减少人为失误风险，大幅节约制造成本，缩短研发周期。

数字化仿真工厂，将是智能制造时代未来工业体系的构成关键。

2017 年，在浙江台州建成了中国第一间能同时生产常规动力、混合动力、纯电动以及更先进车型的智能工厂，占地 73 万平方米。

在这里，打造高质量、能真正跻身国际一线的中国高端乘用车品牌。

实力，就来自数字化技术。

这个和现实一模一样的数字化仿真工厂，将会让生产中的一个个制造瓶颈得到突破。

工程师们要对冲压、焊接、喷涂、总装四条汽车生产线上的1820台智能装备，全部进行数字化扫描和测量。扫描误差不能超过3毫米，450个机器人的定位更是要精确到0.05毫米。采集到的183类47500个数据将汇聚到仿真系统中，全生产流程的数字化虚拟工厂也随之诞生。

工程师们将在这个和真实工厂完全一样的仿真工厂里进行虚拟精准调校。这间工厂利用数字化仿真技术，在正式生产前就已经解决了1000多项，接近90%的核心技术问题。

小重敲黑板知识点

这样的全流程仿真生产系统，此前只有宝马、奔驰等少数国际制造商拥有，技术从不转让。这是压在中国这个全球汽车产销第一大国心上的一块石头。

40名工程师，历经1000个日日夜夜，终于研发出的中国第一套全流程汽车仿真生产系统。

底盘合拼焊接，这道底盘制造中最复杂的工序，不仅决定着整车安全性和装配精度，更是高端汽车与中低端汽车的分水岭。

顶级乘用车底盘焊接质量精度必须达到 100%。

在没有模拟仿真调校之前，国产汽车的底盘焊接精度最高水平只能达到 96%。

底盘上的 12 个定位孔要与焊接基台上的定位销精准对接，这是决定焊接精度的关键。现在通过仿真系统，将定位孔直径缩小了 0.2 毫米，孔与销的间隙只剩 0.1 毫米，这是人工调校无法达到的精度。

固定底盘的夹具也要精准到位。夹具间隙精度被减少到 0.1 毫米，三块底板准确入位。

链接三块底板的 64 个焊点的焊接数据，一个个进入仿真系统。

仿真系统显示，焊枪焊接位置和理论焊点位置精准重合，精度达到了 100%。

这间工厂，冲压环节的零件加工合格率达到 100%，焊装环节的焊点定位合格率达到 99.8%，总装环节的装配合格率更是达到 100%。这个成绩已经突破了国际顶级品牌高端汽车的制造标准。

未来这里每两分钟将有一辆高端家用汽车下线，更多的中国消费者将在价格不变的情况下，享受到性能比肩国外高端品牌的国产汽车。

啊呀，以前总认为，我们制作不出高端汽车，是设备不行、技术不行，甚至人不行。现在看来，真正的差距不在这些，而是数据的应用呀。

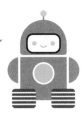

没错，人家利用仿真系统在计算力上模拟仿真调试设备几百次、几千次，在调试的精度上，咱们就没法与人家比。现在，咱们国家终于也有了智能工厂。在实际的产品生产之前，所有的问题都已经在数字仿真工厂里得到了解决。

高端智能装备

    很多产业都需要用新的设备、装备来提升我们的制造水平，由于技术的突破，机器人在制造业中有了广阔的应用空间。

    尽管中国工业机器人产销量连年刷新世界纪录，但中国的"机器人密度"仍然相对较低。2016年中国每万名工人对应的机器人数量仅为68台，不及日本、德国的四分之一，也不及全球的平均水平74台。

    东北，这个中国最大的机器人生产基地，正开足马力，满足需求。

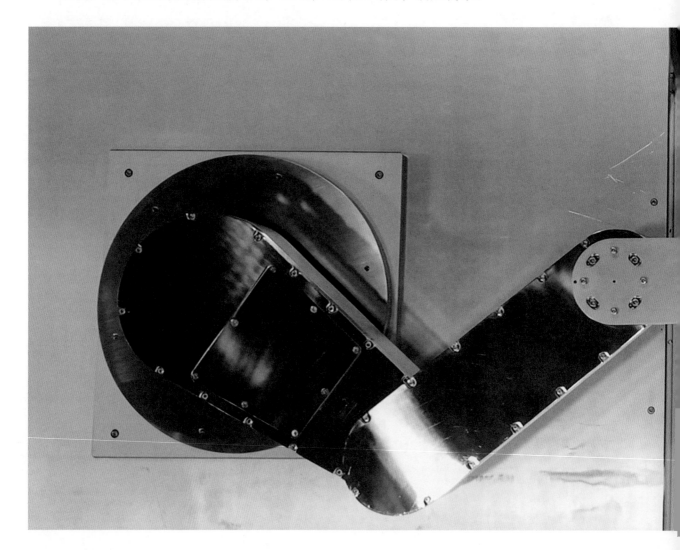

中国第一条实现机器人自我生产的数字化生产线，可以根据工程师输入的指令，运送配件、涂胶、安装大臂，整个过程完全不需要人工干预。

制造芯片用的真空机器人，可以在真空环境下水平移动 20 千克的半导体材料，偏移量不超过 1.5 毫米。全世界只有中国和美国掌握真空机器人制造技术。

移动机器人，能通过定位导航实现路径规划并规避障碍。

搬运机器人，能叉起 3.5 吨的货物，是全球最有竞争力的大力士。

自动力机器人，靠搜集与地面摩擦的静电运转，不再需要充电。

2022 年，中国制造业机器人密度达到每万名工人 392 台。

这些年中国机器人产业发展，应该说是高歌猛进，但是关键核心部件上我们还有一定短板，所以中国的工程师们依然任重而道远。

高端数控设备

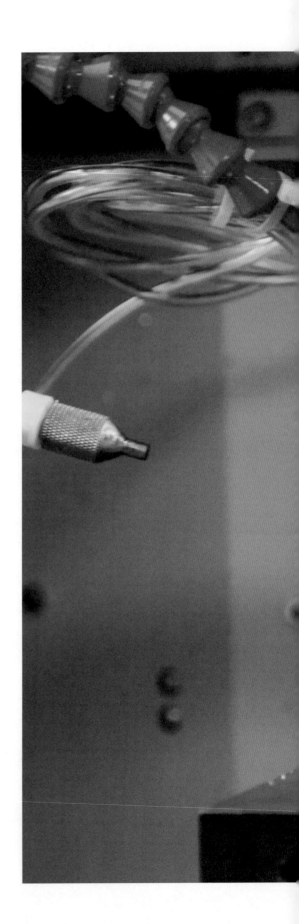

高速度、高精度、智能化，已经成为全球装备制造业竞争的焦点。

对超精密加工控制系统的需求正快速上升。

然而，中国高端数控装备超过80%还必须依赖进口，每年要进口的高端数控设备价值高达几十亿美元。

国产数控系统经历了艰难的发展阶段，屡战屡败，屡败屡战。我们做不出来，国外就封锁，这让中国的工程师们都憋着一口气，中国追赶的脚步正在提速。

中国中部有新兴的智能控制产业集群，也是中国数控系统最重要的研发基地之一。

2017年，中国第一台具有超精密加工控制能力的数控系统正在研制。

超精密镜面加工，是金属切削加工的最高境界。刀具接触金属表面造成的划痕叫作粗糙度。工程师们要在机床主轴转速达到每分钟24000转的超高速度下，把零件的粗糙度控制在0.02微米以下，这是头发丝直径的万分之一，也是超精密加工系统必须达到的标准之一。

加工开始。

刀具运行速度从零迅速上升到每秒100米。

零件上开始进刀的时刻，即便是身经百战的工程师也会感到紧张，刀具在切入的刹那，运行加速

度达到了重力加速度，这相当于 5.6 秒内将汽车时速从零提升到 200 千米。

　　突然提速，要想完美控制，考验着数控系统对刀具的控制能力，稍有偏差，就会导致零件表面出现擦痕。

　　将金属工件表面加工成镜面，只有超精密数控系统才能做到。

　　如何在加工过程中，实时监控并调整微米级的加工精度，是西方数控制造巨头的核心技术机密。

超精密数控系统

我们用肉眼可以看出零件加工的表面上会有一些缺陷，但是要如何找到这个原因呢？只能通过数据来说话。中国的工程师们创造了一种独特的方法——用"色谱图"来观测。利用传感器采集刀头数据，并传送到电脑，刀头每一个细小波动都用不同颜色来标记，就可以捕捉到肉眼难以捕捉到的误差。

利用数据寻找加工误差并进行优化，这实际上是一套智能数据采集分析系统。

与加工零件完全一致的蓝色零件图上，蓝色代表加工速度平顺一致，绿色代表加工过程中的偏差。

抑制主轴转速波动带来的刀具振动最为重要，但前提是必须要找到刀具振动的误差。

色谱图

为了找到观测刀具振动误差的方法，工程师们整整琢磨了10年，色谱图让难题迎刃而解。

在色谱图的帮助下，零件表面加工精度达到了0.01微米，这相当于汽车在100千米的时速下，轮胎运行偏差只有3根头发丝，而轮胎的抖动误差不到头发丝的万分之一。

一个完美的镜面出现在眼前。

精度测试

小重敲黑板知识点

不要小看这个长宽只有5厘米的镜面零件，它看似非常小，却是中国的工程师们积累了7年的成果。它的成功也意味着中国的超精密加工系统取得了重大突破，完成了对世界一流水平的追赶。

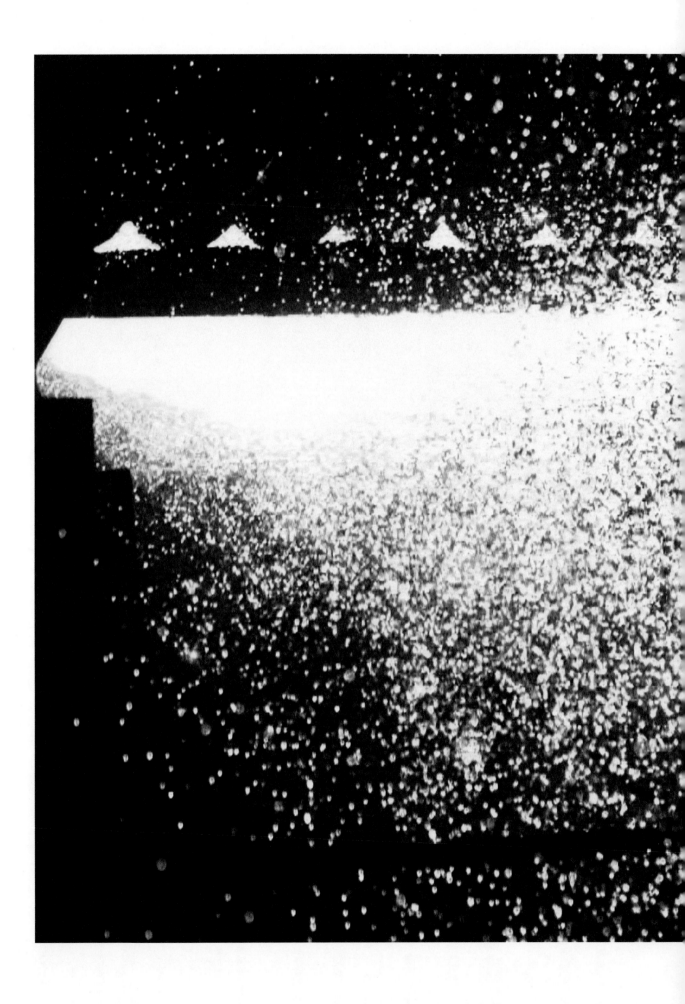

智造先锋

信息化、工业化不断融合，以机器人技术为代表的智能装备产业蓬勃兴起。2022年，中国继续稳居全球第一大工业机器人市场，销量突破44.3万套。在这个世界上最大、最完备的工业体系内，智能制造正成为先锋，引领中国工业制造一场前所未有的变革。

3D 砂芯打印机

小重，3D 打印机我们都听说过，可这个 3D 砂芯打印机是什么呢？是 3D 打印机的升级版吗？

3D 打印是一项非常实用的技术，小到各种模型，大到重要的机械部件，3D 打印都能够轻松制造。而对于 3D 砂芯打印机，可能很多人和你一样都是一头雾水，这其实是专门用来打印模具的一种 3D 打印机。中国 2018 年已经自主研发出了全球最大的 3D 砂芯打印机，这是全球范围内绝无仅有的产品，其体型达到此前最大机型的两倍。

铸造，对于人类来说是一项历史非常悠久的金属加工技术，早在商周时期，中国人就已经掌握了铸造技术——通过将钢铁熔化并注入模具当中冷却成型，打造出所需的各种机械或者工具。

　　时代发展到了今天，铸造技术已经非常先进了，但是依旧离不开模具。模具是铸造技术的核心。传统的模具生产技术非常复杂，并且非常依赖加工者本身的经验和技巧。如果模具无法做到精确和表面光滑，那么最终制造出来的成品很有可能就会不符合标准。而 3D 砂芯打印机则可以轻松解决这个问题。

　　中国是全球第一铸造大国，总产量约占全球的一半。但高能耗、高污染、重体力劳动的制造方式，也在不断提醒这个行业，它急需一次颠覆性变革。

　　3D 砂芯打印机应运而生，它让中国的模具制造技术达到世界顶尖水平。

　　3D 砂芯打印机通过数字化技术，将模具的生产和制造过程进行了极大的简化。简单来说，就是通过电脑，向 3D 砂芯打印机输入模具的各种属性，例如长度、宽度和深度等，随后电脑会根据这一数据进行建模，形成一个虚拟的模具图像。在得到图像之后，设备就会启动两个喷头，一个喷砂料，另一个喷树脂。3D 砂芯打印机在作业时，会一层一

砂芯的截面图形

层地喷砂，在喷过一层砂后，电脑会根据程序淋下一层树脂，每层砂的厚度只有 0.3 毫米，那是一粒砂的直径。上万个 50 微米的喷孔，在计算机的控制下，根据砂芯的截面图形喷射树脂。树脂与砂子中的固化剂进行反应，形成固化，勾画出砂芯的截面。铺砂器铺砂，打印喷头喷出树脂，交替进行。经过 2000 层的堆叠，反复不断地喷砂淋树脂，从而实现打印零部件的效果，装载着砂芯的砂箱驶向吹砂台。没有被喷涂到树脂的砂料就会被吹掉，浮砂缓缓吹散，固化的砂芯渐渐呈现。接下来就能利用它来制造出一个高精度的模具。

在有了这台设备之后，即使不使用高端的高精度数控机床，中国也同样能够进行一些高精度的设备零部件的生产，并且只要设备的体型够大，这种打印机几乎能够参与到任何机械零部件的加工制造过程中。例如，能够直接生产车辆发动机的气缸外壳等设备，像火车内燃发动机那样的大型铸件，之前需要打印十几块砂芯才能组装完成，现在可以一次打印成型。可以说 3D 砂芯打印机成功体现出了中国所具备的强大工业和科研实力。

3D 砂芯打印机的核心部件是铺砂器。打印机体积越大，铺砂器安装难度也越大，这是决定未来打印精度的关键步骤。

哎呀，怎么像我玩的沙画呢。把不同颜色的沙子均匀地撒在画上有胶水的、需要填色的地方，最后吹掉多余的沙子，就有了一张漂亮的画。

3D 砂芯打印机在工作时确实像在做立体画一样。采用这种技术，人类几乎能够生产出任何需要的金属零部件。真正限制 3D 砂芯打印机发挥的其实是砂箱的大小，只要砂箱尺寸足够大，且有充足的砂料供应，直接造航母也不是吹牛呀。不过铺撒砂料这个听起来这么简单的步骤，也需要无数工程师几年的努力。

砂料

中国自主研发的这台3D砂芯打印机，铺砂器长2.5米，比国外机型长出近1米，安装时必须保证绝对水平。

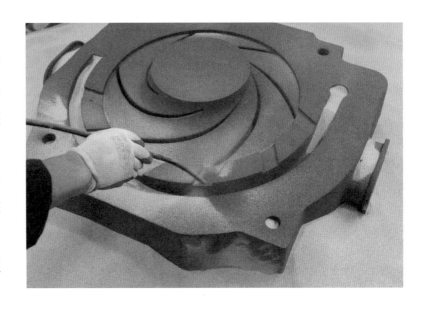

与铺砂器等长的刮砂板，平整度必须控制在0.02毫米以内。

哪怕是一粒砂的瑕疵，也将影响打印精度。

下砂口，工程师们采用了和国外设备完全不同的设计，将4毫米固定宽度的下砂口改为可以从2毫米到8毫米任意调节。这样不仅可以让高端砂芯精度更高，还能同时打印大颗粒低端砂芯。

铺砂器

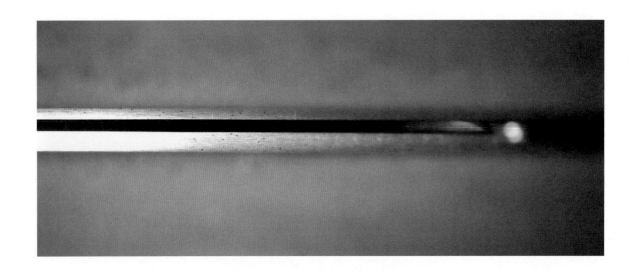

2.5 米长的铺砂器，安装缝隙必须绝对均匀，误差不能超过 0.05 毫米，因为铺砂器要铺砂 1500~2000 层，每层砂子厚度只有 0.3 毫米（那是一粒砂的直径）。只要有一层没有达到水平，之后所有的砂层都将倾斜，导致整个砂芯报废。所以缝隙的大小决定着下砂量和铺砂均匀度，精准控制缝隙大小，是保证产品表面精度的基础。

刮砂板上 60 个螺栓的松紧度，决定着下砂的均匀度。

每一个螺栓的扭动数据都是精确计算过的，每一个数据都不相同。

光是摸索这些数据，工程师就整整用了 4 年。

打印出来的砂芯这么完美，喷射使用的砂料和树脂肯定不是普通的砂子和树脂吧？

当然了，为了找到适合 3D 打印的国产砂料和树脂，工程师们付出了很大的努力。别小看这些小小的砂料，粒度、酸耗值、微观形态，影响砂料打印质量的参数有数十项呢。以前我们只能依靠进口砂料，现在，我们已经可以自己生产砂料了。

以前在使用进口砂的时候，最大的问题就是，并不是你有钱外国人就卖给你。成本太高，算上运费，合 2000 元一吨，而使用国产砂，成本下降了三分之二。

砂子能不能循环再利用，关键在固化剂和树脂。

中国的工程师们也已经攻克固化剂难关，成本降到了国外的四分之一。

现在，只剩下树脂一项。树脂的纯净度、黏度和表面张力，决定了树脂喷出的均匀度和流畅性。一旦树脂过黏，堵塞喷孔，砂芯打印精度就要大打折扣，甚至会导致价值上百万元的喷头报废。我们国产树脂打印出来的测试纸喷墨效果是均匀的，几乎没有丢帧的情况。

3D 砂芯打印设备的 12 项关键技术突破 132 项专利，原材料现在全部国产化。工程师们将 3D 砂芯打印设备的成本降低了三分之二，生产效率提高了 5 倍。

中国成为全球最先实现铸造 3D 打印产业化应用的国家。

传统的铸造业，开始快速迈进信息化时代。

智能物流与仓储装备

　　和高档数控机床与工业机器人、增材制造装备、智能传感与控制装备、智能检测与装配装备，并称五大核心技术装备的，还有智能物流与仓储装备。

　　它们正在鲜活的生活中，让人们触摸到中国现代化的速度。

　　2017 年，中国电商零售额高达 7.18 万亿元，每天产生的包裹超过 1 亿件。

　　互联网、大数据、云计算，强大的智慧物流，成为支撑起中国互联网商业贸易高速运转的新动能，而这种新动能，也正在全球掀开商业和贸易发展新的一页。

　　无论在地球的哪一个角落，人类都满怀对更美好、更便捷生活的向往。

　　马来西亚，中国成功的电商技术和装备，已经在这片土地上生根发芽，开花结果。

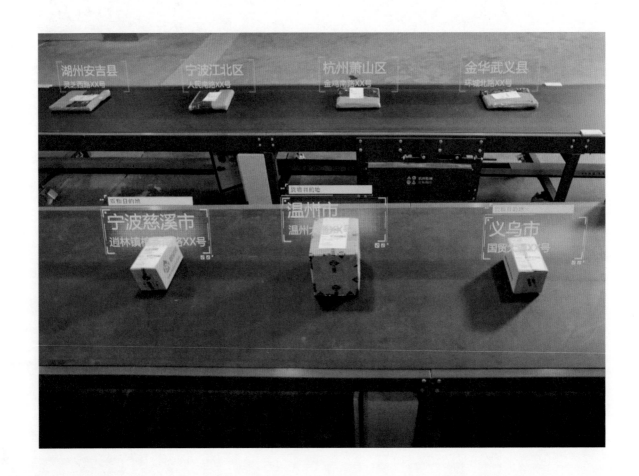

吉隆坡机场，一个国际超级物流枢纽，能将货物 72 小时内送达东盟各国。

在马来西亚的第一个智能仓库，来自中国的工程师们和马来西亚团队正在紧张地调试，东南亚物流业首次迎来了 AGV 自动导引机器人。

在二维码指引下，10 台自动导引机器人精准地运送货架。虽然通行空间狭窄，但它们照样快速移动，不会相撞，工作效率比人工模式提高了 3 倍。

中国的工程师们把先进的技术，把中国制造，把中国的智慧物流，带到海外去，帮助当地提升他们的物流和电商的服务。

2017 年 11 月 3 日，马来西亚数字自由贸易区在吉隆坡全面启用运营。它使马来西亚成为未来 5 年内第一个飞速发展的国家。

东南亚最大电商来赞达已经成为中国企业旗下的盟友，东南亚的数字化未来已经与中国庞大的电商平台紧密相连。

智能物流、智能仓储、移动支付，这些在中国已经运行成熟的技术和解决方案，正由此开始，在"一带一路"沿线铺展开来。

建设制造强国，智能制造是关键之招。

未来，将有更多的中国企业安上智能的"大脑"，接上互联网的"云端"，完成生产方式的"智造"升级。

吉隆坡机场

协同创新的超级力量

大器，我出个谜语给你猜一猜：能飞又会游，能灭火又能救援，猜一种交通工具。

能飞？飞机？会游当然是船啦。能灭火又能救援的是消防车吧？呃，哪有这种又能飞又能游又能救援又能灭火的全能的交通工具呀？

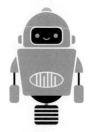

嘿，当然有啦，而且还是我们国家自主研制的大家伙呢。隆重向你介绍 AG600——能飞起来的船！

AG600 是中国大飞机三剑客之一，是中国自行设计研制的大型灭火／水上救援水陆两栖飞机，是世界在研最大的水陆两用飞机，是中国新一代特种航空产品的代表作。

可是你知道吗，大飞机制造是一个庞大的系统工程，必须集国家之智，举行业之力。全国 150 多家企事业单位、十余所高校，超过 10 万科研人员参与了 AG600 的研制。

这是一次跨行业、多领域的自主创新。

小重敲黑板知识点

AG600 可以在陆地和水面起降，能在 20 秒内汲水 12 吨，一次灭火面积超过 4000 平方米。它每次最多可以救护 50 名遇险人员，速度是救捞船舶的 10 倍。它能够满足我国森林灭火和水上救援的迫切需要，也是国家应急救援体系建设急需的重大航空装备，对我国民机产业的发展具有里程碑的意义。

此前，全球拥有大型水陆两栖飞机的俄罗斯和日本，全都是在国防部门的主导下才完成研发。

大型航空装备的背后，比拼的是国家实力。

中国航空工业60年的积累，让AG600从开始总装到首飞仅用了两年时间。一架飞机，它所涉及的技术领域，所用到的材料、元器件、机载设备，所有实验验证能力，几乎覆盖了国家工业所有的领域，这是一项大型的集体创作，是国家规划下的协同合作。

航空发动机是一个国家科技、工业和国防实力的重要体现。AG600的发动机，是中国自主研制的先进的涡桨发动机，采用新型六叶螺旋桨系统。一个发动机里就有上万个零件，而AG600全机5万多个结构件98%都是中国制造的。

负责制造机头的小组，来自中国成都飞机设计制造基地；

负责制造机翼的小组，来自中国西安飞机设计制造基地；

负责起落架小组，来自长沙，中国最大的飞机起落架研发基地……

像AG600这样的大型航空装备，至少需要57个尖端技术领域的支撑。今天的中国工业实力，已经可以依靠自主研发，就制造出世界一流的水陆两栖大飞机。

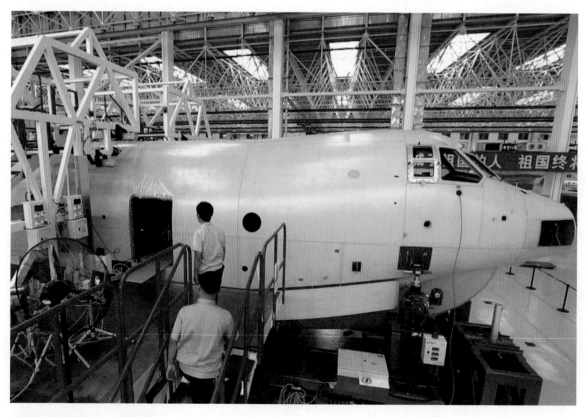

A6600 水陆两栖飞机制造中

企业、国家一起发力的人工智能

走，今天我带你看看一个围棋高手比赛。他只学了一年的围棋，就打败了100多位世界顶级职业棋手。

天啊，一年？我都学了两年围棋了，连你都打不赢呢。他是天赋异禀吗？

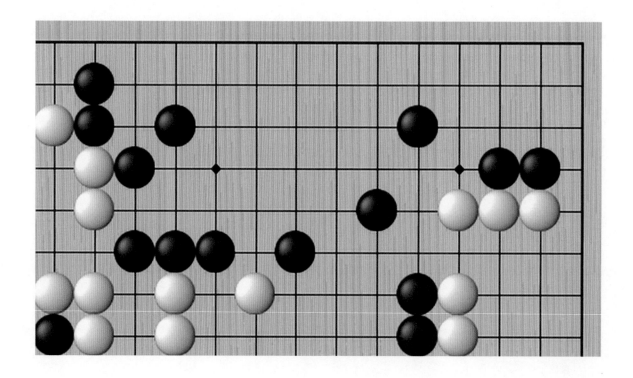

1. 黑马绝艺

2017年，全球顶尖高手云集的围棋对弈网站上，突然杀出了一位名叫绝艺的黑马。

这位神秘高手接连将柯洁、朴廷桓等100多位职业棋手一一击败。

这个战绩，让绝艺一举成为全球第一个围棋10段选手。10段，代表着围棋的最高境界。

而绝艺，成为围棋绝顶高手，仅仅用了一年的时间。

辉煌战绩的背后，是天赋异禀骨骼清奇？还是另有玄机？

或许谁也没想到，绝艺，并非人类，而是一台人工智能。

绝艺的创造者，是12位平均年龄不到25岁的小伙子，他们只用一年时间，就培育出战绩赫赫的绝艺，这在全球人工智能领域都是了不起的速度。

2. 登上世界大赛的舞台

在日本东京，绝艺踏上了世界大赛的舞台。

这是全球规模最大、最权威的智能围棋公开赛，已经举办了十届，有31支队伍参赛，堪称"围棋人工智能界的奥运会"。

每个参赛选手通过抽签决定比赛对手。不同国家的研发团队在这里，既是比赛，更是切磋交流。打开电脑，连接上服务器，所有选手都紧张地准备着。

赛场内，每一台电脑都代表一个参赛选手，操作电脑的是幕后研发团队，他们都是各国围棋人工智能的冠军。

比赛开始前，大赛组委会突然宣布了一个比赛规则：比赛全程，任何人不能触碰电脑。

本来不就是人工智能机器人在自己下棋吗？不碰电脑也没什么关系吧？为什么气氛那么紧张呢？

当然紧张啦，一旦服务器中断，人工智能程序只能自己识别、处理故障。如此严苛的比赛规则，考验的是 31 支队伍的人工智能算法和大数据运算的综合实力。

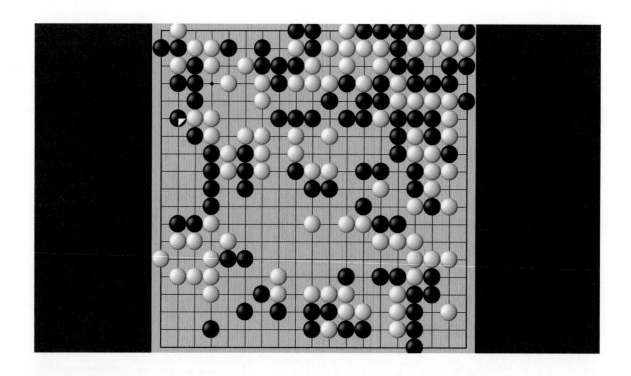

不能触碰电脑的工程师们，只能紧盯屏幕，谁都不知道人工智能会怎样出棋。

绝艺正在对战的是日本选手 Rayn。

比赛开始，对弈双方你进我退，在棋盘保守布局。

突然间，执白棋的绝艺在棋盘右上打劫。绝艺出棋精妙娴熟，迅速占据主动。一瞬间，绝艺顺利闯入决赛。

绝艺这次将对弈的是实力最强的上届冠军、日本老牌围棋人工智能 Deep Zen Go，是日本准备派出与 AlphaGo(阿尔法狗) 对抗的人工智能头号种子选手。

谁获得冠军，谁将成为最有实力与 AlphaGo(阿尔法狗) 抗衡的人工智能。

双方胶着，厮杀到第 120 手，丰富的经验让绝艺迅速撕开一个突破口，一举锁定胜局。

这个拥有纯正中国血统的人工智能绝艺，以实力展现了中国的科技研发力量。

全球人工智能竞赛中，一大批中国企业率先站到了第一阵营。

3. 绝艺的大脑

天津，腾讯数据中心，当时是全亚洲最大的数据中心机房，中国最先进的数据中心之一，总容量超过 10 万台服务器。绝艺的大脑就在这里。

绝艺的智能，来自其中上万台服务器，它们可以供绝艺任意调取数据。

大数据中心的规模和数据存储量，决定着人工智能深度学习的质量和速度。这个大数据中心能够支撑 PB 级的海量数据存储与传输，相当于近 2000 个中国国家图书馆，能存储 580 亿本书籍。

超强大脑让绝艺一年时间就学会了人类职业棋手一生才能学到的所有本事。

人工智能，是目前所有大国都在竞争的核心战场。作为新一轮科技革命和产业变革的核心驱动力，人工智能将会更广泛地应用到智能控制、无人驾驶、语言图像理解等多个领域。

小重敲黑板知识点

　　别看绝艺只是个人工智能，它也是有师父的，它的师父就是有"天才棋手"之称的世界冠军罗洗河。

　　他会去观察绝艺每一场比赛，哪一步走得不好，他都会立刻标注出来。依托人工智能算法，让绝艺自我学习，24小时不间断地自己和自己下棋，从而获得大量数据，飞速进步。所以绝艺的成功，并非偶然。

中国人才工程

一个国家综合国力的竞争说到底是人才的竞争。

放眼全球，汇聚英才。一个具有全球竞争力的人才制度体系，正在中国加快构建。

1. 高纯度金属溅射靶材

高纯度金属溅射靶材，是制造芯片的关键材料。

姚力军是国际上掌握高纯度金属靶材核心技术的少数专家之一，2005 年在"千人计划"的感召下回国创业。2005 年 10 月，第一块国产半导体工业用溅射靶材在江丰电子的生产线上诞生，填补了国内溅射靶材工艺的空白。

而在 2008 年，一度陷入生存困境的姚力军，险些同意自己的企业被外国企业收购。在最艰难的时候，姚力军和他的团队拿到了国家"02 专项"资金，国家用最好的条件支持他们的研发，帮助他们冲进这个领域的全球第一梯队。

国产数控机床

小重敲黑板知识点

芯片，是中国输不起的战略领域，中国每年芯片进口的花费已经超过原油。现在，从基础材料到制造技术，中国有数十家企业正在这个领域奋力填补空白。

中国拥有全球最大的集成电路靶材机加工车间。

精密加工用的装备，100% 都是中国自己制造的。这些国产数控机床的加工精度完全可以和进口机床媲美，品质上是顶尖水准，价格却只有进口机床的六分之一。

一种最新研发成功的高纯度钨靶材用于制作芯片存储器。

突破它的研发小组是姚力军的团队手把手带出来的年轻人，平均年龄不到 29 岁。

全球芯片靶材目前有 10 多种，姚力军他们已经能生产其中 8 种。未来还会有更多的新型靶材诞生在这些年轻人的手里。

高纯度金属靶材

小重敲黑板知识点

"02专项"或称"02重大专项",启动于中国"十二五"规划期间,因为在同期启动的16个重大专项中位列第二,因此被称作"02专项",其全称为"极大规模集成电路制造技术及成套工艺"。重大专项是为了实现国家目标,通过核心技术突破和资源集成,在一定时限内完成的重大战略产品、关键共性技术和重大工程,是我国科技发展的重中之重。

2. 超材料国家重点实验室

更积极、更开放、更有效的人才政策，正吸引更多的领军人才向武汉、合肥、广州、深圳这些创新型城市聚集。

深圳，这间能够过滤紫外光的特殊实验室，是在国家扶持下建立起来的超材料国家重点实验室。

材料博士金曦和他的团队正在这里生产超材料。

超材料加工的基础材料是一块长80厘米、宽60厘米、表面镀铜的特殊材料。

技术员首先给材料贴上了一种可以曝光显影的薄膜。利用胶卷曝光的原理，加工后的材料显现出2万个印花图案。这些2毫米大小的图案里，有上万个肉眼看不见的人工微结构。

微结构的大小、形状、线路分布是超材料的核心技术。工程师们将天然物质中的分子结构重新组织、排列，可以做出不同的微结构，代表着隐形、防水等不同的物理性能。

掌握超材料技术，工程师们就可以像大厨一样，根据食客不同的需求烹制出不同菜肴，做出自然界没有的功能性材料。

中国的超材料研发实力，目前和全球领先的美国并驾齐驱，超过日本、德国、荷兰等国家。

中国是全球第一个实现超材料量产的国家，拥有全球第一条实现量产的超材料生产线。

在国家重大科技专项的支持下，这条生产线完全实现自主研发。

在这条生产线上，已经诞生了隐身、抗燃烧、防结冰等超材料，每一个都是航空航天领域急需突破的新材料。

3. 超材料塑料

这个直径 18 米的巨型气囊，是一种超材料塑料。

工程师们要在这里进行一场极限挑战。6 个月后，他们要用这种超材料制造浮空气球，携带生命体进入临近空间。800 帕的极限压力下，气囊不发生爆裂，才算挑战成功。

气囊由 62 瓣超材料塑料拼接而成。临空飞行器重量要足够轻，这种超材料塑料仅有 40 微米厚，77 千克重。

除了轻，材料还必须抵御住临近空间强紫外线的辐射，这都是普通塑料不具备的功能。

气压达到 800 帕，是材料设计的极限临界值。

6 小时耐久性测试开始。

小重敲黑板知识点

  地球表面被大气层包围着，这个圈层有 1000 千米的厚度，近地面以上是对流层、平流层和高层大气，而 1000 千米以外就是外太空了。临近空间一般是指距离地面 20~100 千米的地球空间，跨越了对流层、平流层和中间层的高空区域，有着比较特殊而复杂的环境，具有高辐射、低温、干燥等特点，也受到电磁辐射的极大影响。临近空间是现代太空竞赛的核心区域。

旅行者 3 号

工程师们每隔 10 分钟要记录一次气囊直径和每一瓣材料的宽度，这些数据将会给中国研发更先进的临近空间飞行器材料提供宝贵的数据。

经过 6 小时的耐压观察，气囊完美经受住了考验。

4. 旅行者 3 号

2017 年 10 月 25 日，空间飞行器团队在新疆放飞"旅行者 3 号"临空飞行器。这是中国自主研制的临空飞行器。

它将携带一只小乌龟，这是人类首次携带生命体进入临近空间。

地面工作人员实时记录着飞行数据。

"旅行者 3 号"在距离地面 21 千米的临近空间一切正常，舱内监控显示小乌龟各项生命体征全都正常。

　　中国临空飞行技术，再次标记下新的高度。

　　颠覆空间技术的创新还在继续。

　　2000 千米外，个人飞行团队正在进行第五次钢铁侠飞行装备测试。未来的救援人员可以从天而降。

　　西南山区，城市空间团队正在放飞低空飞行器。不久的将来，它将为中国 30 多个城市提供智慧城市需要的多种大数据服务。

钢铁侠飞行装备测试

小重敲黑板知识点

　　建设现代化强国的新征程方向已经标定，制造强国、科技强国、质量强国、航天强国、网络强国、交通强国、海洋强国、人才强国，每一个都是巨大的工程。

　　一个个大国重器，正在人才创新、制度创新的沃土上，生根发芽、枝繁叶茂。

创新体系

创新是引领发展的第一动力，是建设现代化经济体系，推动经济高质量发展的战略支撑。蓝鲸一号、天眼、大飞机、国产航母，一个个大国重器精彩亮相，让国人自豪、世界赞叹。而这些举世瞩目的成就背后，无一不体现着中国集中力量办大事的独有优势。

火箭动力

汽车有发动机、轮船有发动机，那火箭是不是也有发动机呢？它的发动机又是怎样的呢？

火箭当然也有发动机啦，还不止一台呢。来，我带你去看看"长征五号"火箭助推器。

"长征五号"为捆绑4台助推器的两级半构型火箭，每台助推器配置两台120吨级液氧煤油发动机，这是当时现役推力最大的液体火箭发动机。4台助推器，8台120吨级液氧煤油发动机，再加上芯一级两台50吨级氢氧发动机，构成了中国运载火箭的最强动力。

　　长征五号火箭的地面推力超过1000吨，近地轨道运载能力达到25吨，能够将一辆重型卡车轻松送入太空。

　　火箭的推力有多大，航天的舞台就有多大。

　　面向未来，中国人探索宇宙的雄心远不止于此。2030年前后，中国将实现首次航天员登月，并开始建立月球基地，这就需要运载能力更强的重型火箭。

1. 研制大力士——500吨级液氧煤油发动机

　　2021年3月5日，中国自主研制的新一代重型运载火箭发动机——500吨级液氧煤油发动机，全工况系统试车，取得圆满成功。这款发动机的最大推力是现役120吨级发动机的4倍还要多，这将是世界上推力最大的双喷管液氧煤油发动机。

　　这台发动机采用双推力式设计，涡轮泵转速可以达到每分钟16000转，形成75兆帕的强大压力，每秒钟输送的燃料就多达1.6吨，仅用3秒钟就可以形成最大推力。

　　秦岭脚下的试验基地里，大推力火箭发动机关键组件的燃烧试验正在进行。

　　工程师的团队一直在研究工况变化对火箭发动机单喷嘴稳定燃烧的影响。

　　喷嘴工况变化对稳定燃烧的影响一旦得到验证，就可以根据相似准则测算出500吨级液氧煤油发动机在推力调节下稳定燃烧的大致范围。

　　每秒流量超过

20千克的混合燃料急速燃烧、喷射，与此同时，每秒100万张的高速摄影机记录下了燃烧的影像。综合多次测试的结果，在60%到110%的工况下，单喷嘴都可以实现稳定的燃烧。这就为500吨级液氧煤油发动机推力调整能力的设计奠定了基础。

2. 火箭发动机"瘦身"

500吨级火箭发动机，无论是涡轮泵的功率还是发动机的体积都相应地增加，在不影响推力和运载能力的情况下，减轻火箭发动机自身的重量，就显得十分重要。

工程师团队针对重型火箭发动机的重量进行了各种优化"瘦身"设计，不需要的重量可以完全去掉，于是，最终的形态就有很多镂空的地方，但实际上载荷和强度并没有减少。

由于大量运用了数字拓扑技术，500吨级重型火箭发动机的自身重量减少了30%，在推力和载荷之间找到了平衡。

小重敲黑板知识点

拓扑是研究几何图形或空间在连续改变形状后还能保持不变的一些性质的一个学科。

火箭发动机

根据最新的优化方案，工程师们准备打造一台新的工程样机。

工程师们将涡轮泵和煤油泵进行连接，这是发动机装配极为关键的环节。500吨级发动机涡轮泵输出功率高达12万千瓦，相当于一个小型水电站的功率。如此强大的功率输出，需要由这根直径100多毫米、重量30千克的传动轴完成逐级传递，因此传动轴必须绝对垂直才能顺利连接。

花键也必须精密连接，不能有一点晃动。完成这样的装配需要多位经验丰富的工程

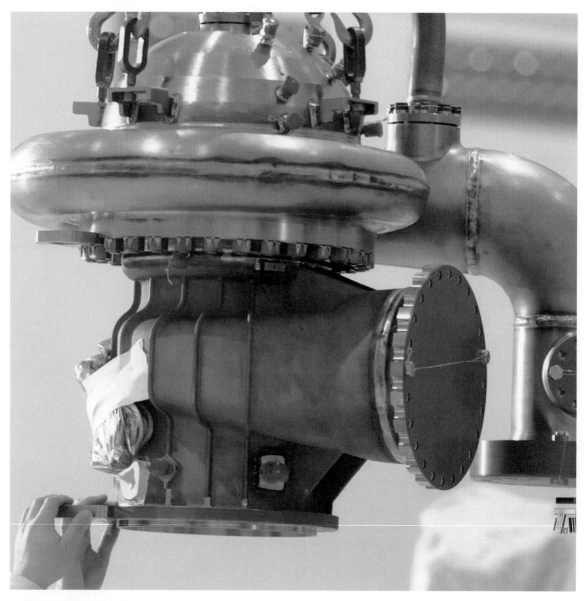

工程师们将涡轮泵和煤油泵进行连接

师默契配合。

重型运载火箭发动机代表着世界航天动力的最高水平。有了500吨级的发动机，以重型火箭的论证的构型来看，一级可以配12台500吨一级的发动机，这样可以达到6000吨的起飞推力，一下子能够支撑火箭在地球轨道达到150吨的载荷上限，这样就对登月往返更深太空探索提供了可靠的动力保障。

小重敲黑板知识点

装备强国，动力掀起。今天的中国，有足够的信心和实力向着更远的太空探索。从能源到交通，从工厂到城市，从空天到海洋，这些性能强悍的动力巨兽，驱动着这个国家一路向前。燃烧、速度、效率，这些关于动力的极限，中国的工程师们正在逐一突破。为迈向装备强国，中国正发动引擎全速前进。

要有光

说了水、说了风，现在是不是该聊聊光了？太阳能也是优质的清洁能源呀。

如果你出去旅游，一定会发现很多地方都有漫山遍野的太阳能电池板，它们是光伏发电的重要装置。

光伏发电是一种利用太阳能将光能直接转换为电能的技术。这项技术的核心在于太阳能电池，通过串联和封装保护可形成大面积的太阳电池组件，配合功率控制器等部件就形成了光伏发电装置。

今天的中国这种装置随处可见，它既能融入自然，也能成为现代城市的标配，它能像植物一样获取光照，产生的电能可供人类使用。从它出现开始，人类对效率的追求就从未停止。

1. 太阳能电池

四川乐山，一片太阳能电池的制造要追溯到这里。

从矿石中提炼的硅粉，经过化学处理获取三氯氢硅。工人们正在对它进行提纯，制取更高纯度的硅，因为硅是太阳能电池板最为重要的材料。

硅的纯度直接影响着电池板的发电效率。

硅的纯度越高，对空气的洁净度要求就越高，因此进入车间之前，工人们必须通过分离器系统去除附着在衣服上的灰尘。在2500平方米的还原车间里，27个还原炉每过4小时就会打开一个。

开炉，意味着价值百万的高纯度硅制造完成。直径 10 毫米的硅芯被依次安装在还原炉底部的电极上，反应后的高纯度硅，会长在它的外表面。

封炉、通电、加热，炉内的温度稳定在 1000~1080℃，气态的三氯氢硅和高纯的氢气注入还原炉。每过 1 小时，硅棒的直径就会增加 1.7 毫米，整个反应过程需要持续 100 多小时。

完成蜕变的硅芯片，直径增加 16 厘米，重量增加 125 千克，价值翻 100 倍。

为了防止污染，技术人员首先要用真空设备将还原炉底盘上的杂质洗净；接下来，工人们要配合机械手在 30 分钟之内尽快将硅棒拆下。每一个炉的规模都必须经过纯度检测。检测中心每立方米的空间中粒径极小的粉尘数，被控制在 1000 个以内，更高的洁净度确保了检测结果准确。

刚出炉的这一批次的硅料，纯度高达 11 个 9（99.99999999999%）。硅料精度越高，对电池片的制作来说，光电转换效率就越高，哪怕是提升 0.1 个百分点，也可以让我们发更多的电，在替代传统化石能源的这条道路上可以走得越快。

然而，从硅料到一片可以真正用

来发电的光伏电池还需要历经很多个环节。

2. 硅片变成电池片

单晶硅拉棒、硅片切割这些过程往往在不同工厂进行。四川眉山这个工厂要做的,是更重要的一步,把硅片变成电池片。

工程师对这条仅连续运转了130天的生产线再升级,让电池片的光电转换效率再提高1.5%。对光伏行业而言,慢跑等于退步,对效率的极致追求,让产品和技术的迭代变得非常迅速。

新的生产线启动运行,工程师们焦急地等待。第一批全新的电池片出来了,新的技术升级了电池片反面的镀膜材料,将电池的银电极与硅片隔离开,从而进一步提高电池光电转换效率,升级后的电池片光电转换效率达到业内"天花板"24%。

10多年前,中国还无法自己生产高纯度多晶硅,制造的光伏电池也主要出口供国外使用,如今,完备的产业链让中国拥有了光伏电池世界第一的产能。不仅如此，今天的中国，光伏总装机容量世界第一，发电量世界第一，在光伏发电领域，中国再次领先世界。然而，中国人把光照变成能源的方式不止这一种。

生产线上的电池片

小重敲黑板知识点

像这样的电池片，在这条新的生产线，每年可以产出超过 5040 万片，如果把它们全部安装，每年可以发电约 4.5 亿度。

3. 光热电站

新疆哈密，淖毛湖，中国西部的一个边陲小镇，这里最大的特点是一年四季阳光充足。在小镇外，有一座光热电站，它采用"光 – 热 – 电"的发电方式：数万件的定日镜可以把阳光反射到 181 米高的塔顶；集热器充分吸收热量后温度超过 560℃，它的底部冷库中存储的低温熔岩被高压泵送至塔顶，吸收热量后，流回塔底，将水加热，产生的水蒸气驱动蒸汽机旋转，产生电能。这座电站不消耗任何化石燃料，作为一种新技术，它采用了一种高度清洁的发电形式。

虽然，这个电站已经初具规模，然而，目光所到之处还有很多空位，工程师们决定为这个电站新增 200 面定日镜。

用来填充空位的定日镜此时正在两千米外的工厂里制造。

这家工厂每 20 分钟就可以生产出一面定日镜。日常穿衣镜的反射率只有 70%，而这个工厂里用到的每一个镜片都经过了抛光、镀银的处理，反射率高达 93.5%。10 个三角形拼接形成五边形，增加采光面积。不仅如此，这种形状的定日镜还可以减少镜子间的相互遮挡，让镜场布置更加紧凑。定日镜出厂后，被运送到光热电厂，它们将在戈壁滩上不间断地接受风沙的洗礼。这一批的 200 面镜子已经全部安装完成。

安装定日镜可以反射太阳光，可是一天之中太阳的位置是变化的呀，这可怎么办？

电厂里的每一面镜子都拥有向日葵的本领，追随太阳的位置调整方向。而且如果某一面定日镜无法把光斑对准吸热器，系统就会收到红外监测仪发出的信号，快速调整原本瞄准另一位置的定日镜补位。

正式发电之前，工程师们还必须对每一面镜子进行清洗。这里六级以上大风的天气每年有90多天，扬起的风沙会给镜子戴上一层面具，附着的灰尘会严重影响发电效率。因此，像这样的清洗工作每隔5天就要进行一次。清洗完成的200面定日镜就正式列入发电的编队啦。

目前这里的定日镜有14500多面，它们追随着太阳一起转动，每年可以贡献2亿多度的电能。

定日镜

4. 制造太阳

今天，人类对于太阳光和热的追求已经走向极致。所以科学家设想，能否制造一个太阳，作为一切能量之源。

太阳的内部每秒钟会有 6 亿吨氢聚合，产生 5.95 亿吨氦。在这个过程中缺失的 500 万吨质量转化为能量，等同于 10 亿个万吨级的氢弹。如果可以在地球上制造一个太阳，我们就可以源源不断地制造出人类所需的能量。

为了这个制造太阳的计划，中国的工程师们努力了 30 多年。2020 年 9 月，中国人研制的最新一代人造太阳正在进行最后的安装。事实上，人造太阳指的就是托卡马克的科学装置。利用它，人们就可以模拟太阳内部的核聚变反应，制造能量。

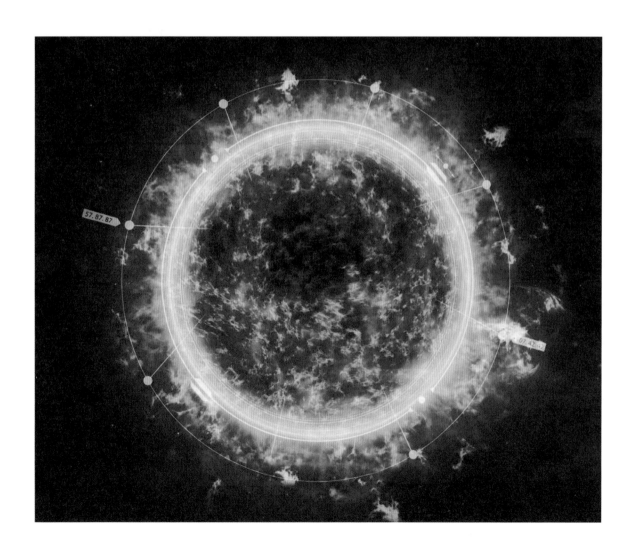

托卡马克

小重敲黑板知识点

　　托卡马克，是一种利用磁约束来实现受控核聚变的环形容器。托卡马克的中央是一个环形的真空室，外面缠绕着线圈。在通电的时候托卡马克的内部会产生巨大的螺旋形磁场，将其中的等离子体加热到很高的温度，以达到核聚变的目的。托卡马克装置是实现可控核聚变占据主流的方式。

氢的同位素氘和氚在高温状态下呈现等离子体，真空的环形容器内，密度足够大的等离子体在高温中激烈碰撞，产生新的原子核，释放巨大的能量。这个过程中的温度超过1亿摄氏度，地球上没有材料能够经受得住这么高的温度。而托卡马克装置把线圈像鸟笼一样排布，由此形成的环形均匀磁场，可以将等离子体约束，并悬浮在环形空间内，从而实现可控核聚变。

工人们正在给线圈缠绕绝缘材料，装置运行时，这些线圈会被通以超过10万安培的电流，为了确保在大电流通过时装置安全运行，这项工作必须尤为仔细。事实上，能够制造出这个规模装置的国家并不多，除中国外，只有美国、日本等少数国家可以做到。

科学家们描述，可控核聚变比人类登上火星还难，它涉及众多工程学、物理学、材料科学等难题。这需要很多科学家共同努力。

中国的工程师们花了8年时间，做了上千次的实验，就是为了找到适合做第一壁的材料。第一壁指的是反应进行的环形空间内壁。

第一壁直接面对上亿摄氏度的燃烧聚变等离子体，它也被称作防护墙。把火防住，让后面的部件不要受到烧损。中国的工程师们选用了一种罕见的材料——铍。

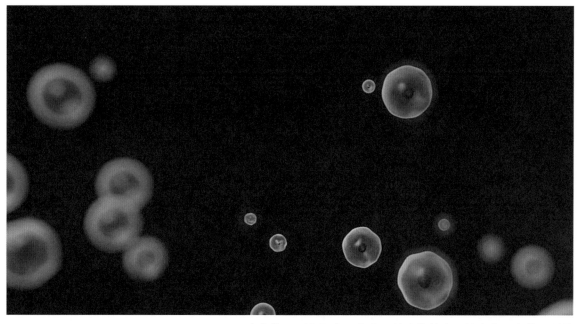

真空的环形容器内，密度足够大的等离子体在高温中激烈碰撞

小重敲黑板知识点

铍，优点很明显：它跟等离子接触后不会因对等离子造成严重的污染而使等离子熄灭；它也有比较优良的热传导性，热量可以及时被传走。

铍的缺陷也很明显：虽然稳定，但熔点只有1284℃。同时它又是一种极高战略价值的材料，每年全世界的产量仅有几百吨。

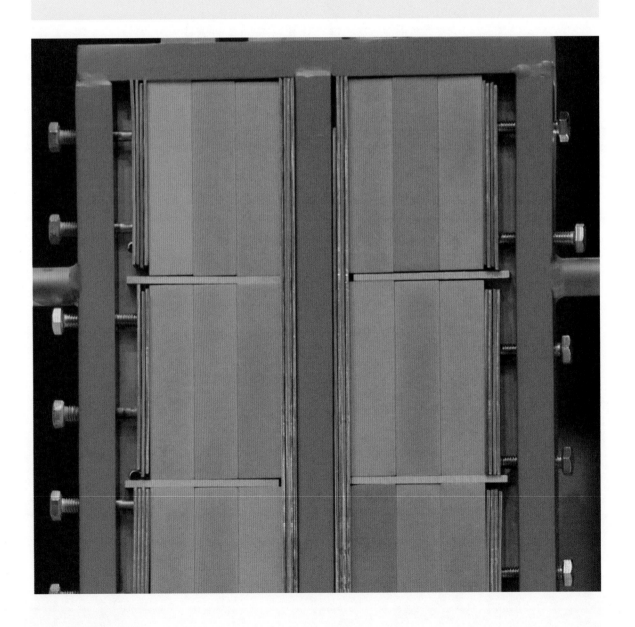

为了兼顾导热性能和性价比，中国的工程师们采取了一个折中的方案——采用铍、铜和不锈钢组合的方式。

铍的下面采用传热性能最好的金属铜，铜的外层则使用价格优势明显的不锈钢做支撑材料。首先将铜和不锈钢焊接，制成底座，铍块整齐地摆在底座上。接下来，利用热等静压焊接这种特殊的工艺，将铍、铜熔合在一起。

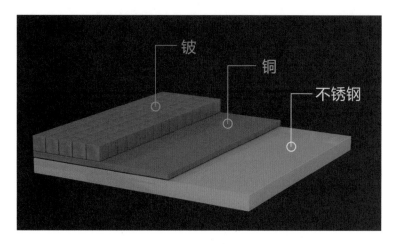

制造后的第一壁实验件，需要对其进行高热负荷疲劳试验，以确保第一壁核心部件的性能满足要求。400千瓦电子束产生的每平方米4.7兆瓦的热量，对第一壁进行炙烤。第一壁的参数良好。

中国研发的第一壁将正式用于ITER项目，那是由中国、美国、欧盟、俄罗斯、日本、韩国、印度七方共同建造的一个核聚变实验堆，也是世界上最大的托卡马克装置，被称为当今世界规模最大、影响最深远的国际大科学工程。

这是新一代托卡马克装置的第一次测试，在它的寿命周期内至少要完成数万次实验，每一次的实验数据都会让人类距离可控核聚变发电更近一步。

可控核聚变被认为是解决未来能源的重要选择，氢的同位素氘，在地球上的含量极为丰富，1升海水里提取出的氘，在完全聚变反应后没有任何排放的同时，可以释放相当于燃烧300升汽油的能量。

中国的计划是建造一座中国聚变工程实验堆CFETR，真正将可控核聚变产生的热量利用起来发电。到那时，人造太阳产生了近乎无限的清洁能量，将会最终解决能源与环境的平衡，带我们进入一个绿色发展的未来。

今天，我们正在重塑风、水、光的价值。作为新能源利用的第一大国，中国正在加速推动能源生产和消费革命，为14亿人提供清洁能源，为国家可持续发展提供绿色动能，为全球应对气候变化贡献中国方案。中国正在用切实的行动去兑现绿色发展的承诺。

让电随时"搬家"的传输线

1. 充分利用地下空间

世界上电压等级最高，输送容量最大的地下输电系统是在江苏常熟苏通地下管网，它们正在将总输电容量高达 1500 万千瓦的电能送入城市。

如果你细心观察会发现，和十几年前相比，城市上空的电线越来越少了。人们用电量增多，可是电线为什么越来越少了呢？

原来，城市输电要求是在保障安全的前提下，用更小的空间输送更多的电能。传统架空线路占用空间太大，地下电缆承受电压等级又太低，这里采用的新型输电技术，将载流导体安装在金属管道内，注入绝缘性能远远优于空气的高压六氟化硫气体。利用地下空间，让城市稀有的土地得到节省并且完成大容量的电能输送，这被认为是全世界解决城市输电问题的优选方案，而中国工程师还在努力让这种线路占用的空间变得更小。

江苏中关村科技产业园内，工程师们正在寻找突破空间极限的办法。

工程师们提出一个新方案：把三根导体装入一个管道内，取代原来三根导体各放一个管道的设计，占用空间由此减小了近三分之一。

　　一人一个房间，变成三人一个房间，当然省空间啦。可是三人一屋，最大的问题就是彼此之间会有摩擦、有矛盾。三根导体虽然不会说话，但是它们的脾气可比人大多了。当大电流通过时，三根导体之间会产生巨大的电动力，排斥的力量相当于两颗手雷在瞬间爆炸。所以，绝缘支撑线的强度被提到了新的高度。

三根导体各放一个管道

绝缘支撑件是封闭输电设备最关键的部件，直接影响到线路的安全运行，工程师们正在制作全新设计的三支撑绝缘件。

环氧树脂和氧化铝填料的混合必须在真空条件下，一旦混入任何微小杂质，产生一丝细小的气孔都可能引发线路故障，导致城市大面积停电。浇注、加温、固化、脱模、再固化，即将诞生的新结构、新配方的绝缘支撑线是否足够绝缘，是否真的具有超高的强度，能承受住导体间的巨大排斥力呢？

正式出厂前，它必须经历一次严苛的测试。

工程师们正在将全新的三支撑绝缘件装进封闭输电管道，组装完成后被送至实验大厅，在这里它将接受超高压电气性能测试。

工作人员把两根输电单元连接到一起，电压从零开始缓缓升高，只要被测试元件出现任何异常，都会导致加压停止。最终电压升到 742 千伏，这是三相共箱封闭输电单元所能承受的最高电压，超过国家标准要求 20%，这是三相共箱技术承载电压的新的世界纪录。

最新研发的装备，将被用于接下来的城市地下输电线路改造工程。

三相共箱产品的研发成功，可以大大降低生产制造和运行的成本，这也是未来新型电力系统发展的重要技术支撑。

今天，中国单个城市的最高用电量已经超过1000亿度。未来，这个数字还将继续增长。不断优化的气体绝缘金属封闭输电技术，在未来将成为城市能源主动脉，源源不断地输送巨量清洁电力。

三根导体装入一个管道内

2. 让电飞跃千里

作为世界上最大的能源生产国和消费国，中国的资源和能源集中在西部和北部，而电力消费却集中在东南沿海。特殊的资源禀赋让中国必须建立长距离跨区域调度的超级能源通道。特高压电力输送高速公路，可以将巨量电能送至千里之外，这是衡量一个国家电力装备水平的关键技术。

如今，中国已经投入运行的特高压输电线路有35条，总输电距离超过4.4万千米，构成了世界第一的电网规模。然而，伴随着新能源飞速发展，中国已经成为水电、风电、太阳能发电的第一大国，可再生能源占比持续增加，要想将这些波动性、间歇性极强的清洁电能并入电网，升级电力传输技术势在必行，这就需要更加先进的电力传输装备。

2019 年，6 辆重型卡车从西安出发，前往广西柳北，车上装载着最先进的电力传输装备。为了避免沿途颠簸对精密的设备产生剧烈的震动，车速必须严格控制在每小时 70 千米以内，1700 千米的路程需要 24 小时。

设备顺利抵达广西柳北换流站。这些设备采用了目前世界上可控性最高的柔性直流输电技术。

接下来，工程师们要在这个超过 5000 平方米的大厅里小心地组装这些精密设备，搭建出世界上电压等级最高的柔性直流换流阀。

小重敲黑板知识点

换流阀未来运行时，电压是 ±800 千伏，安装过程中的一点毛刺甚至是遗留表面的一点灰尘、铁屑，都可能在通电时带来短路或者放电，后果不堪设想。所以工程师们不能使用电动工具，必须采用手动安装系统。像这样复杂的搭建，即使是经验丰富的工程师默契配合，也需要足足两个月的时间才能完成。

换流阀是直流电和交流电相互转化的桥梁，新一代柔性直流换流阀拥有更快的功率调节速度，可以实现对波动性的清洁能源电荷和功率的快速补偿，将来势汹汹桀骜不驯的电流化为绕指柔，让清洁能源并网成为可能。同时，它可以将电网故障排除的时间缩短到100毫秒以内，就像在水漫金山的河道，安装一个拥有智慧大脑的水坝，精准控制电能潮流方向和大小，支撑电网安全稳定运行。而实现这一功能的秘密，藏在这里——10万级清洁度的工作间里，工人们正在把IGBT（绝缘栅双极型晶体管）、驱动板卡、水溶板等压紧在一起，组合成一个完整的直柔模块，这是柔性直流换流阀的核心。

压接的力量必须严格控制，全数字化扭矩扳手实时感知工人的压力，将数值显示在监控屏上，确保整个柔性直流换流阀里的3000多个柔直模块的螺栓扭矩精准度完全一致。

另一个核心部件是控制板卡，它是柔性直流换流阀的大脑，看似普通的板卡上有上万个电子器件，每个电子器件都是一条独立的传输线，能够实现10亿赫兹以上的极高频率传输。

新一代柔性直流换流阀

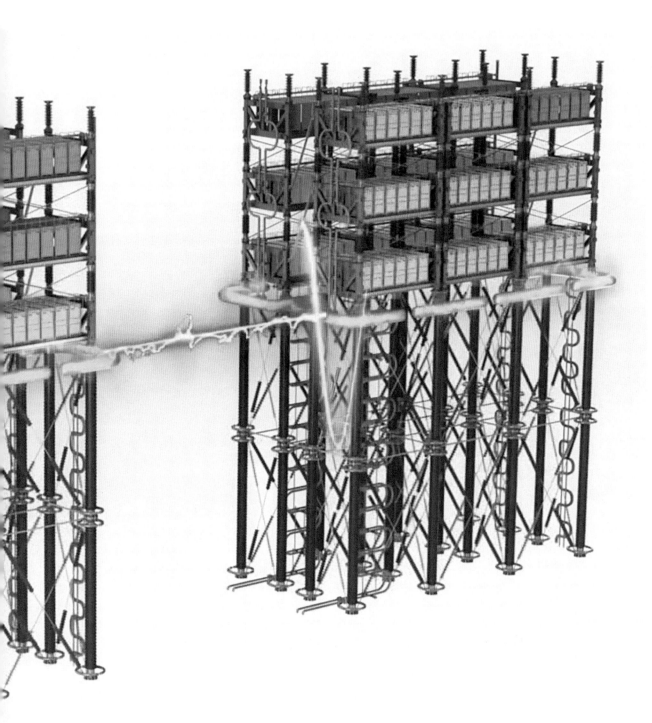

这样海量快速的数据处理能力，相当于在 0.2 秒的眨眼瞬间，整个防控系统就已经上传了 8000 次数据。

这项技术是电力巨头都要抢占的能源应用技术制高点，世界范围内能够制造出的国家仅有 3 个。

　　历时两个月，柳北特高压柔直阀厅 2592 个模块组装而成的 216 个阀段全部完成安装。这是世界上首个特高压多端柔性直流换流站，也是全球电压等级最高、输送容量最大的多段混合直流工程，正式投入运行前它们还必须经历一次通电检测。

　　通电，是检测整套系统是否搭建合格的关键时刻。

　　测试开始，主刀闸开始向前伸展，它将与静触头的触棒完全接触并啮合紧密。

　　在这个过程中，装备的任何异常都会导致合拢动作终止，一旦通电成功，中国就

可以将柔性直流特高压等级从过去的 ±350 千伏提高到 ±800 千伏，送电容量从 100 万千瓦提升至 500 万千瓦等级。主闸刀完全打开，1210 安培的电流瞬间通过，完成合闸。

新的柔性直流换流阀已经具备投入运营的条件，它被用在一条全新的柔性直流输电线路——"昆柳龙"直流工程，它可以将世界第七大水电站乌东德水电站每年发出的 330 亿度电跨越 1452 千米送往广东、广西。

柔性直流输电技术可以实现更加快速灵活的电网调节，它被认为是应对未来可再生能源大规模并网的关键技术，升级的技术和装备让中国的电力传输能力再次领先世界，而人类对电能的想象并未在这里止步。

特高压多端直流换流站

3. 乘着电探索浩瀚宇宙

大家一定都在电视上面看到过火箭升空的场面，5，4，3，2，1，点火，倒计时总是令人兴奋，火箭升空的那一瞬间，相信每个人都会心潮澎湃。

火箭是如何实现升空的呢？首先，要有足够强大的动力进行推动。一般来说，这个动力是由燃料燃烧来提供的。推力要突破地球引力，超越第一宇宙速度，从而使得火箭成功地进入太空当中。进入太空后，燃料的作用依然没有停止，因为火箭进入太空之后，整个设备的运行依然需要源源不断的动力。也就是说，宇宙浩瀚无边，人类能够探索多远，取决于驱动装备的动力。

上海空间推进实验室里，20千瓦的霍尔推进器被装进真空舱，它将在明天接受点火测试。

以前的航天在轨推进采用的是化学推进，利用燃料的化学反应来产生反作用推力。现在采取的这种电推进，叫静电推进。

迄今为止，人类所有的航天器要在太空中获得动力，都要通过向外喷射气流，获得反作用力来推动

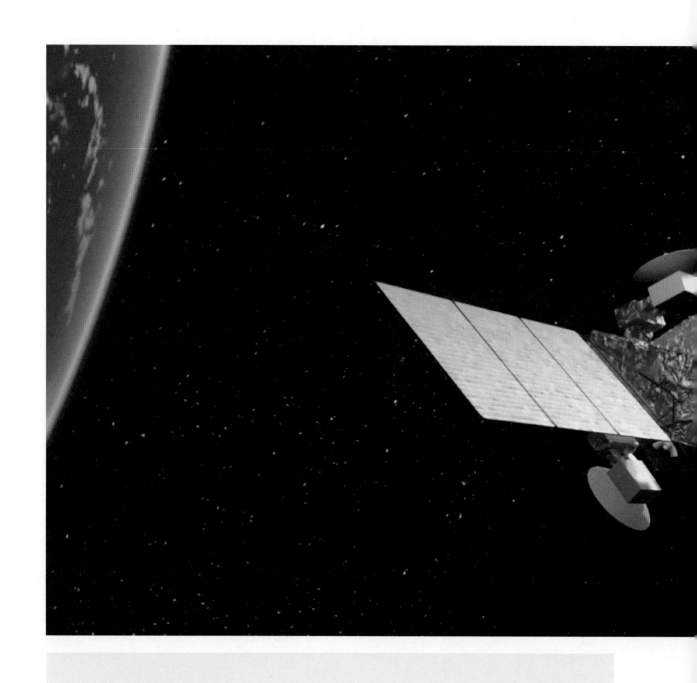

小重敲黑板知识点

简单来说，霍尔推进器也是离子推进器的一种，它们的基本原理大体上相似，都是利用对离子束的控制实现加速，从而产生推动力。但是霍尔推进器和常见的使用燃料来进行推动的机器一样，不需要消耗大量的化学物质，只需要对电荷进行一些特殊的处理。

航天器前进，霍尔推进器也不例外，它的喷口是一个环形结构，而喷出物是经过电离的惰性气体离子束。霍尔推进器的工作原理，正是通过高速喷出离子流获得反作用力，来为航天器提供动力。

新一台 20 千瓦霍尔推进器已安装完成，在接下来的 24 小时中，舱室将被抽成真空，模拟推进器在太空中的工作环境。

此时，霍尔推进器喷出离子流的速度已经高达每秒 3 万米，这是传统火箭发动机喷射气体速度的 10 倍。

这次的点火测试将持续 8 小时。如今，电推进正在尝试取代传统的化学推进，这源于一个极为重要的数据——比冲。

电推进的优势主要就是比冲高。用化学推进进行轨道维持，1 年需要的推进剂量为

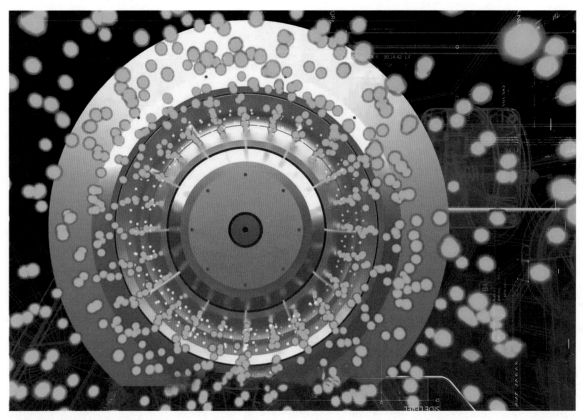

霍尔推进器喷出离子流

小重敲黑板知识点

　　比冲代表单位质量流量的推进剂所产生的推力，略通俗一点讲就是每单位推进剂生成的力量。比冲一般用秒来表示，比如小重号火箭发动机的比冲为 320 秒，那就代表此火箭发动机每 1 千克推进剂能产生 320 千克推力。

1~2 吨；而采用霍尔电推进进行轨道维持，1 年需要的剂量只有 300 多千克。

同样重量的推进剂，霍尔发动机可以产生传统火箭发动机 10 倍的推力，让有效载荷获得近 10 倍的速度增量。

如果将火箭发动机比作一匹马，马吃的草越少，跑的距离越远，它的比冲就越高。

霍尔推进器

霍尔推进器整个点火过程，运行平稳，工作参数正常，实测功率 20 千瓦，最大推力 1.07 牛，最高比冲 3300 秒。

中国自主研制的 20 千瓦霍尔推进器，将中国的电推进引入了牛级推力时代。虽然一牛的推力仅相当于两颗鸡蛋所受的重力，但是在航天动力领域这已经是划时代的突破。

世界上只有不超过 4 个国家掌握了这样的顶尖技术，而且它将被应用在中国下一代航天器上。

霍尔推进器的动力来源于电，而航天器通过太阳能电池板可以在太空中源源不断地获取电能，这为人类向着更远的太空探索带来了更多的可能和动力保障。

目前空间推进的发展主要追求的是高比冲、长寿命、高效率，而霍尔推进恰恰是在所有的电推进里综合性能最好的。

如今，中国正在推动清洁电能对传统化石能源的深度替代，加快构建适应高比例可再生能源发展的新型电力系统，电能已经成为驱动中国高质量发展的重要动力。面向未来，随着能源变革、动力变革、效率变革持续深入，电能的深度运用将为智能时代的到来奠定坚实基础。同时，还将开启能源清洁高效利用的全新时代。

8 万吨模锻机

2017年5月5日，C919国产大飞机成功首飞。大多数人关心的是大飞机的顺利腾空，而却有人在意的是它能否平安落地。

C919大飞机主起落架外筒的锻造加工，设计师花费了10年，终于找到了一个能干的钢铁巨无霸来完成。

来，大家认识一下世界上压制力最大的8万吨模锻机。它就像一棵大树，地上部分高27米，地下还有15米，共有15层楼高。

模锻机锻造就像压月饼，初步加工的坯料在模具内一压成型。同时，材料的强度、韧度和塑性也会大大提高。

8万吨的巨大力量来自泵房。这个泵房里60台油泵驱使着300吨液压油，在10千米长的管路里流动，推动5个直径1.8米的巨大液压油缸进行压制。

随着C919大飞机首飞成功，8万吨模锻机名扬世界。很快它迎来了一个更加艰巨的任务——国际上一款超远程、宽体民用客机的主起落架外筒锻造。这是当时全世界所有航空器上最大的单体部件之一。

这款大飞机比C919要大，因此它的主起落架落地时将承受的冲击力也更大，达到上百吨，这对主起落架的强度、韧性和疲劳度的要求极高。

在部件最终成型时，一次锻造是最理想的加工方式。而当时，国外的模锻压机往往由于力量不够，还需要经过反复加热、锻压，两到三轮才能完成。

模锻机锻造过程

第一次模锻以后，坯料已经初步成型，但是能否成为合格的起落架部件，还需要最终一压，这是考验 8 万吨模锻机实力的时刻。一旦操作失误将前功尽弃，损失的不止是金钱，更是国际声誉。这是一场荣誉之战。

面对世界航空锻造史上的极限挑战，有数十年锻压经验的工程师们依然非常谨慎，经过近百次调整确定最终方案。主起落架外筒的最终锻压即将开始，成功与否将一压定型。

模具被加热到 400℃，炉内的坯料温度已经达到 1200℃，从电炉炉口到锻压工位距离 35 米。坯料出炉后的表面温度每一秒钟下降 3℃，留给加料车司机的时间是 60 秒。锻件入位，按下按键。携带模具的横梁以每秒 15 毫米的速度向下移动，模具从接触坯料表面到压制完成时间是 3 秒，只有这样，锻件的成型和内部的组织结构才能达到最佳。

但是液压传动系统的反应不像机械传动装置那样灵敏，操刀手必须考虑到设备的运动惯性，提前做出预判动作。而这个时间差无法精准计算，只能来自成百上千次的积累。

主起落架外筒的锻压

3 秒钟，锻压结束。完美成功，全世界飞行器上最大的单体部件之一一次锻压成型，这是中国实力的印证。

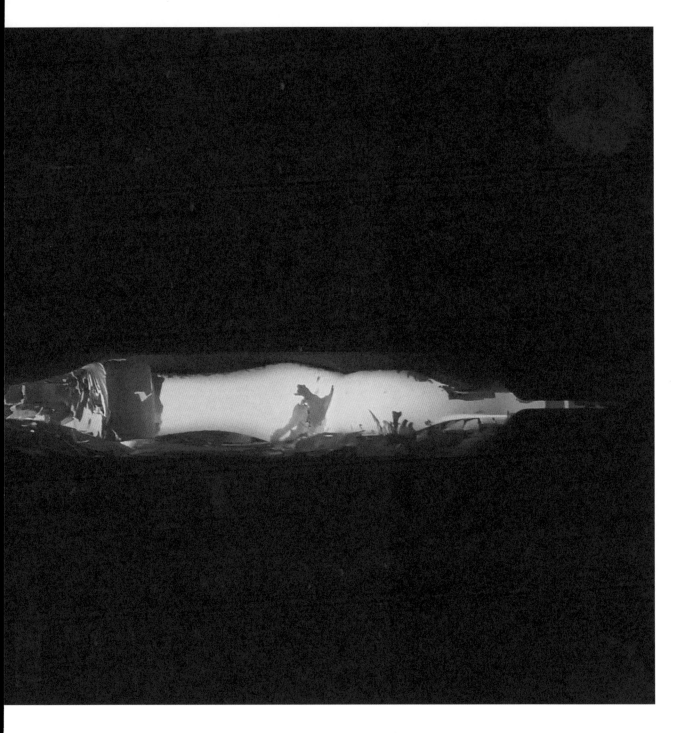

小重敲黑板知识点

8万吨模锻机已经能够制造航空航天、海洋、核电、高铁等诸多领域的大锻件，我国万吨以上的模锻压机已经超过10台。一个更加合理的动力体系正在中国版图上形成，为中国制造锻造更加强劲的未来。

高档数控机床

辽宁沈阳的这家工厂里，建设的是我国第一台高档数控机床。在航空零部件制造领域的示范应用基地，9条智能产线上的56台机床全部来自国内企业，代表了中国高档数控机床的最高制造水准。

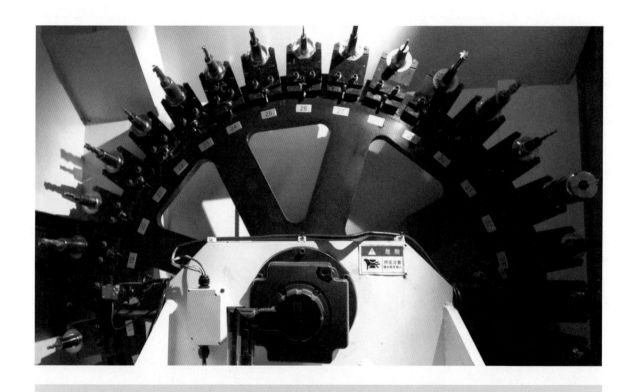

小重敲黑板知识点

数控机床是一种装有程序控制系统的自动化机床。简单来说，就是输入指令，控制系统经运算处理后控制机床的动作，按图纸要求的形状和尺寸，自动地将零件加工出来。数控机床较好地解决了复杂、精密、小批量、多品种的零件加工问题。

涡轮盘

1. 高难度数控加工

工人们正在加工一个发动机的涡轮盘。涡轮盘在高速旋转时要吸入尽可能多的空气，并且保证均匀、流畅，因而对涡轮盘的整体对称性、叶片表面粗糙度、弯扭角度等要求极高。10个叶片表面都是S形弯扭的双曲面，双曲面形状复杂，任意两点之间都是一条曲线，这是数控加工中最难的一种。

但是这可难不倒这台高档数控机床。加工开始，刀具的加工动作由三个直线轴和两个旋转轴精密配合完成，每行走1厘米，刀刃要接触零件表面240多次，最终切削出光滑的表面。

这么高难度的动作，数控机床是如何做到的呢？秘密就是隐藏在数控机床床身中的伺服电机。工艺师编写的180条加工程序、385万条程序代码由伺服电机精准完成。经过15小时，一个精美的涡轮盘加工完成。

这个专门生产航空航天零部件的车间里，数控机床的数控系统和加工刀具已经全部采用国产品牌，每年可以实现30多万件的加工能力。

伺服机的三种核心材料：稀土永磁、铁芯硅钢、线圈铜线

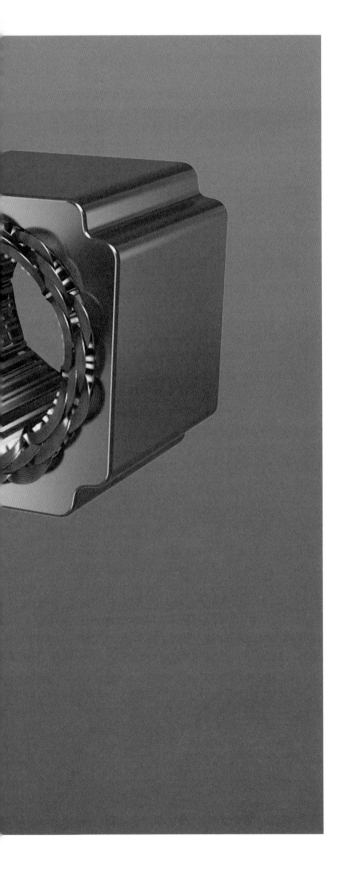

2. 伺服电机

所谓伺服，就是要实时调整，及时响应。伺服电机可以控制速度，位置精度非常准确。

电机每转一圈，发出的测量信息数超过3000万次。这是伺服电机精准控制方向、位置、速度、电流的核心所在。

今天，高档数控机床加工精度越来越高，这就要求伺服电机体积更小，功率更大。因而必须在功率密度这个重要指标上做足文章。

中国生产的电机功率密度已经是世界领先水平。

伺服电机有三种核心材料：稀土永磁、铁芯硅钢、线圈铜线。工程师们像配伍中药材一样把这三种核心材料，用最少的量、最好的方法，让它们的功能完美地结合在一起，在有限的空间里发挥到极致。

比如说，电机加入稀土永磁体越多，磁动力就越强，但是电机的空间有限，工程师们便采用独特的嵌入式安装，增加了50%的磁体面积。

全新的线圈槽口可以容纳更多的铜线，同时，电机铁芯结构的一个小小改变，既降低了20%的磁能损耗，又提高了电机的精度。

在工程师们的精心配伍下，小身材、大功率的新产品诞生了。他们生产的伺服电机功率密度达到每立方米3.906兆瓦，处于世界领先水平。

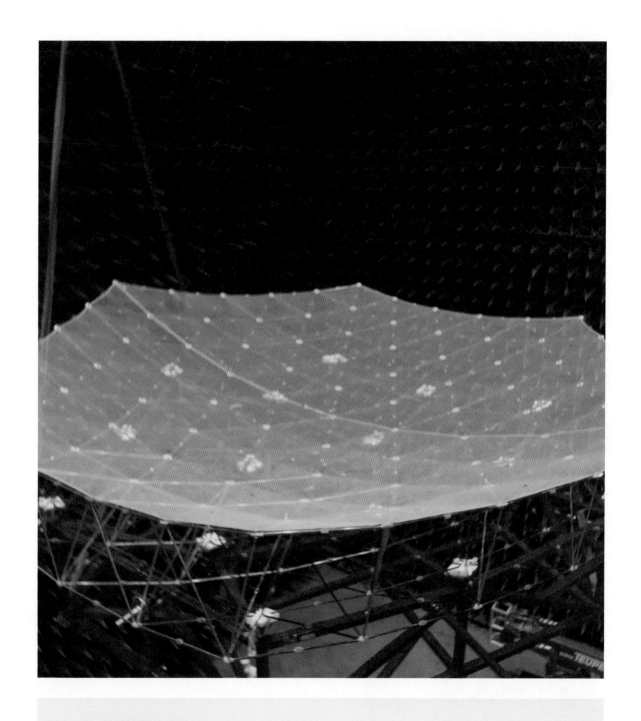

小重敲黑板知识点

　　作为工业母机，数控机床是制造所有工业产品最重要的高端加工装备。它的加工精度、速度和可靠性直接决定了能够制造什么和如何制造。

高精度计量时间的铷原子钟

中国西安的一个卫星集成测试大厅里，工程师们马上要组装北斗导航卫星最核心的产品——铷原子钟。

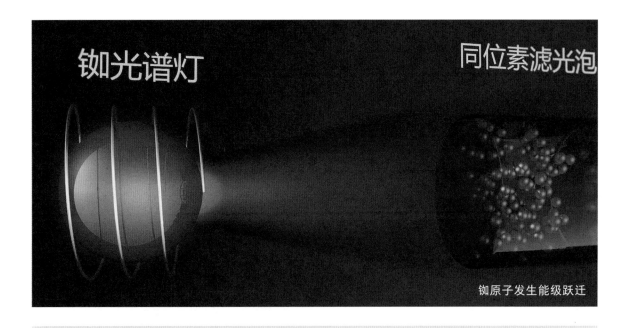

铷原子发生能级跃迁

小重敲黑板知识点

　　从古至今，为了准确计量时间，时间计量工具在不断更新换代，从日晷、水钟、沙漏，到机械表、石英钟，再到原子钟，精确度越来越高。原子钟的精准度非常高，一般运用在对时间精确度要求比较高的系统上，比如卫星导航系统。卫星导航系统主要利用测量时间来计算距离，最后达到精准导航定位的目的。原子钟如同卫星导航系统的心脏，直接决定着导航卫星定位和授时的准确性。北斗卫星上用的铷原子钟可做到300万年差1秒。

新一代高精度铷原子钟是中国自主打造的，"北斗3号"导航卫星的授时精度优于10纳秒。也就是说，利用它，我们可以用1秒钟的一亿分之一这个精度来校准时间。定位精度也由此前的10米级提高到米级。

自然界中铷原子发生能级跃迁时，每秒钟会产生超过68亿次的电磁波振动，且始终不变。铷原子钟就是利用这种自然现象制作出来的精密计时工具。在体积尽量缩小的情况下，还能保证在太空环境里免维护稳定运行12年以上，这是航天级铷原子钟必须具备的性能。

铷原子钟制作完成后，严格的测试必不可少。

工程师们要利用真空罐模拟铷原子钟在轨长期工作的环境。测试包括频率稳定度、漂移率、准确度等多项指标。只有达到了百亿分之三秒的精度并且24小时漂移率小于百万亿分之一，这个铷原子钟才能成为北斗卫星的心脏。

真空罐里的测试需要连续进行90天以上才能全面评估铷原子钟的性能。

与此同时，由高纯度的镀金钼

丝编织而成的北斗卫星天线，也进入了最后的测试阶段。

天线负责信号的接收和发射，是卫星与地面沟通的唯一通道，它能否正常工作决定了卫星的命运。

首先进行的是展开试验，就像雨伞一样，处于折叠收拢状态的天线必须在发令后一瞬间自动打开，且百分之百成功展开。

通过了展开试验之后的天线就可以进入亚洲最大的水平进场试验大厅，天线专家要在这个完全屏蔽电磁的环境里验证天线的近场辐射能力。

卫星天线的需求是面积越大越好，但是航天器发射却要求天线体积小、重量轻。在这个天线上，中国科学家采用可展开天线的形式，实现了一种理想的平衡。

今天测试的天线得益于面积的增加，卫星信号强度提高了数倍，"北斗3号"卫星导航信号的质量和可靠性因此得到了更大的保障。

有了高精度的铷原子钟，有了保证导航卫星信号的卫星天线，2020年6月23日，第55颗，也是最后一颗组网用的导航卫星顺利入轨，中国完成了"北斗3号"覆盖全球的最后一块拼图。

中国因此成了第三个拥有全球卫星导航系统的国家。精准的时间、精确的定位，这个完全自主控制的精密时空基准，是数字时代的国之重器。

从自动驾驶到智慧工场，从大数据中心到智慧城市建设，从万物互联到人工智能，它的影响将深入这个世界最细微的层面，成为中国乃至世界信息数字化时代的超级引擎。

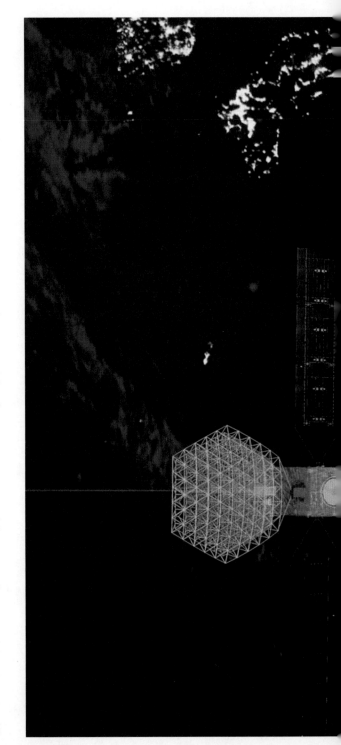

卫星天线

数字引领变革

1. 重型装备柔性化生产工厂

北京郊外的一间工厂，是全球最大的挖桩机制造基地。工厂内的智能升级正在紧张进行，两个月之后，这里就可以成为全球第一个重型装备柔性化生产的工厂。

柔性化生产，通俗来说，就是仅用一条生产线，制造多个不同规格的产品。

这很棒啊，这样一来，工厂就可以根据用户需求定制生产，而且这种定制的成本肯定能得到有效控制。

不过在升级这条生产线的过程中，并非一帆风顺。

主轴是挖桩机的核心部件，通过机械手放入轴套中的时候，位置误差不能超过0.5毫米。可是型号最大的主轴重量超过1000千克，搬运这么重的零件时，不可能纹丝不动，产生2~3毫米的位置偏移是经常出现的状况。所以，如何时刻进行定位，让控制系统始终掌握零件的精确位置呢？

这多简单啊，用电子传感器的定位方法呗，一有偏移，立刻就能定位。

那如果是100种型号的零件，是不是就得匹配100种传感器呢？这不靠谱。工程师们已经找到了一个解决难题的好办法。

挖桩机的主轴

对此，工程师们不再借助固定位置的传感器，而是利用机器人立体视觉系统。机器人的两个摄像头好比人的双眼，拥有强大的感知和运算能力，每秒可以产生 100 万个三维数据坐标，计算后可以实时得到场景深度信息和三维模型。这样一来，从 4300 千克到 16200 千克的 30 种型号的桩机核心部件，在搬运过程中因为不同重量而产生的或大或小的偏移，都能被立刻感知和修正，机械手都能将它的位置精确地控制在 0.5 毫米以内。

简单的升级，让现有设备的柔性制造能力充分释放。

这里发生的故事每天都在中国大量上演，智慧感知、深度学习、数字孪生等最前沿的科技正在制造领域落地生根。

从制造到智造，中国正在加速成为拥有超强实力的智造先锋。

2. 高铁自动驾驶

河北张家口，这里有一座具有强烈科幻感的建筑，就是专门为 2022 年冬季奥运会服务的高铁车站——京张高铁的太子城车站。

京张铁路，中国铁路历史上一个特殊的符号。1909 年，它成为中国人自行修建的第一条铁路，110 年后的今天它成为中国高铁的代表。

搭载北斗导航系统，高铁第一次实现 350 千米时速的自动驾驶。时速 350 千米的列车每秒钟前进的距离是 97.25 米，在这个速度下，控制列车接收信息并进行决策的要求，已经远远超出人类的生理极限。

全球首套时速 350 千米高铁自动驾驶系统，是中国自主研发的，是智慧铁路和交通强国建设的国之利器。

350千米时速的自动驾驶

这么快的速度，还是自动驾驶，总觉得不靠谱，如何能保证满载乘客的列车绝对安全呢？

深度的车路协同，或者说车轨协同，让列车和路轨融为一体，就能解决你担心的这个问题。

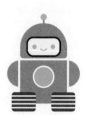

工程师们在轨道上安装了一系列的设备，这些设备相当于遍布高铁网络的触角。同时，要实现高速行驶，还必须依靠列车的大脑，也就是车载智能控制系统。

车载智能控制系统的板卡

自动驾驶需要的装备，全在这款 23 厘米长且厚度不足 3 厘米的板卡里。这块板卡可以在 20 毫秒内完成列车前方 32 千米线路数据的采集、处理和指令输出，这样的运算速度已经能满足时速超过 400 千米的自动驾驶运营需求。

经过测试，板卡的运算能力余量超过设计值的 50%，同时满足了全球最高等级的风险评估标准，这块板卡很快将在实际的高铁线路中使用。

3. 汽车无人驾驶

高铁的自动驾驶好像也不难嘛，铁路网络毕竟是一个相对封闭的系统。可我从来没有在马路看到过无人驾驶的汽车。

其实，今天的智能汽车已经具备相当程度的自动驾驶能力，这都得益于高性能传感器、高精度地图、超级计算平台。但是马路上的汽车面对很多开放式的环境因素，要想让完全自动驾驶成为可能，仅依靠汽车单体智能还远远不够。中国的工程师们已经开始挑战了。

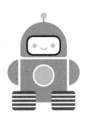

2020年冬夜，北京亦庄开发区的一个十字路口，表面看来它与城市里的其他路口没有什么区别，但它马上就要"变身"啦。

3天前，这个路口的交通灯杆上悄悄地多了几个不起眼的设备，通过在路旁加装大量路侧智能传感器，最大限度地收集信息，上传到指挥控制系统，让传统道路升级为智能道路，正是中国正在打造的智慧交通的一个关键部分。

灯杆上的小型激光雷达可以精准获取移动目标的坐标数据，而这正是视频摄像头的不足。激光雷达与视频摄像头相互配合，可以将这个路口的信息丰富度提高1倍以上。

北京亦庄核心区第一阶段的智慧道路网络已经完成搭建，车路协同测试开始进行。

小重敲黑板知识点

智慧交通，是中国人正在创造的智慧城市的一个关键组成部分。通过建立车辆与交通系统的互动，智能交通灯可以根据实时的交通状况自动调整红绿灯信号。以前是灯指挥车，灯按照设定好的时间变化，不管交通拥堵状况如何；现在是车指挥灯，哪个方向路段拥堵，车流增大，信号灯会根据实际情况变灯，这极大缓解了交通拥堵。

目前自动驾驶存在的一个最大痛点就是有盲区。比如从前方突然窜出一个人，这种情况是很难预测的，就算是经验丰富的老司机，也经常因此出现事故。所以无论车辆的智能程度有多高，始终无法避免盲区带来的潜在风险。但是通过车路协同，智慧道路将它收集的所有信息分享给汽车，从而让汽车拥有远超自身的感知和运算能力，盲区因此消失。

远程盲区问题的解决只是车路协同网络功能的一小部分。随着车路协同网络的深入组建，聪明的车、智慧的路，同时与城市大脑深度融合，或许自动驾驶很快就可以取代驾驶员，让更多的人享受到自动驾驶汽车带来的移动出行便利。

4. 数据保存

我们生活的这个数字时代，数据就是一切。每个企业、组织和个人每天都会产生和使用大量数据，这些数据都存在哪呢？

数据中心服务器负责存储和处理这些数据。

中国西部单体规模最大的数据中心，有超过 20 万台服务器，相当于 600 万台电脑的处理能力，最大数据存储量高达 1.8 亿 TB（太字节）。

这么多数据都存在服务器中，万一停电可怎么办？数据不就没了？

所以，这个数据中心有一项延续多年的传统操作——测试发电机。

发电机

在数据中心里，24台功率超过2400匹马力的发电机，安静地在这里待命。这个大数据中心存储的数据关联上百家大型企业和超过3亿的互联网用户，万一意外断电，这些发电机作为备用电源瞬间被唤醒，这里存储的数据才能保证绝对安全。

24台发电机在30秒内全部完成启动，并在1分钟内达到额定负载功率，才符合要求。

2022年，中国当年产生的数据量达到8.1ZB（泽字节），位居世界第二。大数据中心就像保险柜，可以让数据这个当今社会最重要的资源得到有效的存储和利用。

5. 在沙漠中如何保存数据

随着世界的深度数字化，数据的保存和使用也面临新的难题。

在中国北部内陆的乌兰布和沙漠，2009 年工程师们成功研发了一种力学约束材料，它可以使沙子颗粒之间产生持久的约束力，在沙地上使用之后，沙地产生了跟土壤相似的保水保营养的能力。

研究团队在乌兰布和用新材料改造了 4000 亩沙漠，开始种植试验。非常耐寒的植被过经两个多月时间长得郁郁葱葱。研究团队突发奇想，他们决定试种农作物，当高粱、辣椒、番茄、萝卜甚至西瓜被种下去之后，奇迹出现了，所有种植的粮食和蔬菜不但全部存活，而且产量惊人。2019 年，全国高粱平均亩产 324 千克，但在这里竟然达到了 789 千克。高产的秘密就在土层下。底层土壤保持了沙子松散透气的特征，农作物根系因此超常发育，发达的根系成就了高产的奇迹。

中国沙化土地面积超过 170 万平方千米。如果能用这种技术改造其中的 1%，天啊，就可以获得 170 万平方千米的农田。太棒了，赶紧推广吧，把沙漠都变成良田。

你说得轻巧，只有用足够的数据证明，新的生态进程已经被启动，这种技术才可能被广泛推广应用。获得足够的数据，需要 10~20 年的积累呢。

传统的研究模式采用抽样的方法，需要 10~20 年的长期积累，如果借助大数据技术，试验的周期就可以缩短到 2 年左右。但是这个美好的设想在这里遇到了一个巨大的障碍。研究团队用大量传感器，精确监控 1 万亩土地，获取温度、湿度、光照、风向、风力、微生物群落、动植物群落等众多数据，但是在这个远离城市的沙漠，海量数据的存储和运算难题该如何解决？靠几台电脑，根本处理不了。

大数据工程师们想到了解决这个痛点的方案。他们连夜安装了 T-BLOCK 设备，这个设备就是一个缩小化的大数据中心，专门为沙漠研究而定制。

别看这个机柜只有家用冰箱两倍大小，却容纳了 20 台标准服务器，相当于 1000 台电脑的处理能力，而超过 1000TB 的硬盘空间足够应付超过 10 万个传感器长期的数据存储需求。

借助 T-BLOCK 这种边缘大数据中心的存储和计算能力，与过去相比，数据采集范围扩大 20 倍以上，而数据的精细程度则可以增加 2~3 个数量级。

乌兰布和试验基地的面积将继续增加，未来将超过 5 万亩，种植农作物超过 30 种。T-BLOCK 将全天 24 小时不间断工作，处理来自这些土地源源不断的数字信息。

6. 量子计算

　　随着数字化时代海量数据的快速涌现，大量新的数据应用场景被陆续召唤出来，中国人已经拥有了多元的数据处理方式，去应对数字时代的新挑战。

　　面向未来，随着数据量的持续攀升，我们还在呼唤更大的算力。

　　超级计算机，今天世界上最强大的计算机之一，它的数据存储能力和配套的运算速度超越几十万台家用电脑。

　　过去 10 多年，来自中国的神威太湖之光——天河多次登顶全球超级计算机排行榜。

九章

不仅如此，在最新一代百亿亿次超级计算机的研发上，中国已经取得重大突破。

从工程建设到科学研究，从自然灾害的防治到先进药物的开发，许多领域在超级计算机的助力下飞速发展。然而，面向未来，社会对于算力的需求，以及人类对于算力的期待还将被无限放大。算力升级的速度，能否跟得上人类发展的脚步？

量子计算，为我们带来了曙光，它被认为是人类填补未来巨大算力缺口的优选方案。

2020 年 12 月，中国科学家成功建构了全球最快的高斯玻色取样量子计算原型机，这个名叫九章的原型机的处理速度比上一个世界冠军——名叫悬铃木的原型机快了 100 亿倍。

在量子计算的研制方面，中国人再次走在世界的最前列。未来，是数字引擎推动的世界，算法和算力作为这个引擎最重要的燃料，正在中国的土地上快速积累。

强劲的动力，让中国这个拥有 5000 多年历史的文明古国，焕发出全新的科技之光和创新活力。

图书在版编目（CIP）数据

大国重器 . 空间 /《大国重器》节目组主编 . -- 北
京：北京理工大学出版社，2023.12
　　ISBN 978-7-5763-3084-7

　　I.①大… II.①大… Ⅲ.①科技成果 – 中国 – 现代
IV.① N12

中国国家版本馆 CIP 数据核字 (2023) 第 202999 号

责任编辑：徐艳君　　文案编辑：徐艳君　　策划编辑：张艳茹　门淑敏
责任校对：刘亚男　　责任印制：施胜娟

出版发行 / 北京理工大学出版社有限责任公司
社　　址 / 北京市丰台区四合庄路 6 号
邮　　编 / 100070
电　　话 /（010）68944451（大众售后服务热线）
　　　　　　（010）68912824（大众售后服务热线）
网　　址 / http://www.bitpress.com.cn

版 印 次 / 2023 年 12 月第 1 版第 1 次印刷
印　　刷 / 雅迪云印（天津）科技有限公司
开　　本 / 889 mm × 1194 mm　1/16
印　　张 / 14.75
字　　数 / 265 千字
定　　价 / 288.00 元（全 3 册）

The Pillars of a Great Power

大国重器

陆地

《大国重器》节目组　主编

北京理工大学出版社
BEIJING INSTITUTE OF TECHNOLOGY PRESS

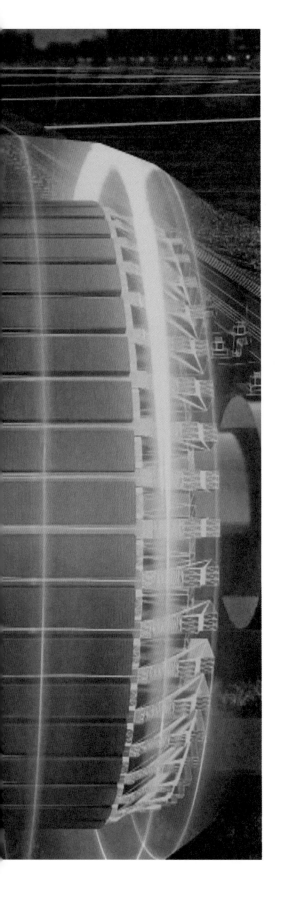

目录

构筑基石

作为世界第一制造大国，中国 500 多种主要工业产品中有 220 多种产量位居世界第一。从百年梦想川藏铁路工程，到孟加拉国帕德玛大桥的千年圆梦，从中国高铁拉动一个个产业基地，到中国核工业产业链上一个个尖兵，它们实现了冶金、轴承、型材、精密仪器等数十个高端装备行业的自主创新。

大机器的大机器——超级立式机床

工欲善其事，必先利其器。

每一个重器的诞生，都离不开制造加工它的重型装备；就好像再大的巨人，也会有一个生出他的巨人妈妈；再优秀的人才，也曾经有培养他成才的老师。今天，小重将带领大家一起去看看那些能够加工各种重器的大家伙。

你知道核电站的心脏是什么吗？没错，是核压力容器。

核压力容器是核电站里安置核反应堆并承受其巨大运行压力的密闭容器，具有制造技术标准高、难度大和周期长等特点，而且是不可更换的设备，必须保证其在核电站40年寿命期内绝对安全可靠。

"华龙一号"压力容器立式机床

正在吊装的是由中国自主研发的第三代核压力容器"华龙一号"（右图），超级酷对不对？可是，小重要介绍的重点可不是"华龙一号"压力容器，而是对它进行最后的整体精加工的这台超级机床。

"华龙一号"压力容器高10.8米，重380吨，它的加工精度执行的是全球核电装备的最高标准。执行任务的是一台16米高的超级立式机床，这可是中国自主研制的。

华龙一号

小重敲黑板知识点

机床是什么？简单来说，机床就是制造机器的机器。机床是工业之母，是一个国家装备制造的根本，机床的制造能力体现了一个国家的工业水平。从生活用品到汽车、铁路、风电、核电、船舶制造、航空运输等行业，都离不开机床，高端机床更是一个国家的战略资源。

早在2007年，中国就将高端数控机床列为国家重大专项。2013年，国产中高档数控机床产值所占市场份额达到60%以上。高端机床的出口不断增长。

现在，石油化工、航空航天、能源储备等领域，凡是制造大部件所需的超大规格重型机床，中国都能够自己制造。

超级机床简直太酷了。

超级机床是很酷，可是能征服和驾驭它的人更酷。如果没有能驾驭它的技术人员，那么机器再酷也只能是台死物。

能熟练操作这台超级机床，掌握大型部件整体精加工的技术员，全世界都为数不多。

"华龙一号"压力容器整体精加工首先从压力容器顶端的密封面开始。想要在机床上工作，必须乘坐电梯上升 10 米，才能到达 16 米立式机床的工作面。

加工开始前，技术员将一角成 95 度的刀具安装在刀架上。精加工是一个逐渐精细的过程，这需要机床一刀一刀地连续切削 72 小时，才能保证密封面的整体平整度误差不超过 0.05 毫米。一根普通头发的直径是 0.6~0.9 毫米，也就是说，这个大家伙干的可都是精细的活，误差甚至比普通头发的直径还要小。

每隔两小时，技术员就要更换一次刀具，因为发热发松的刀具随时都可能将压力容器割开一个豁口，这对压力容器的密闭性是致命的影响。

技术员丝毫不敢松懈，在电脑前仔细观察各项数据，及时根据情况更换刀具。72 小时后，密封面精加工完成。

精度 0.01 毫米的百分表显示，一位合格的技术员，加工的密封面平整度，整体误差没有超过 0.04 毫米。

这样的绝活不是一朝一夕练成的，而是长年累月勤奋摸索练就的。这些优秀的技术员生产出的压力容器已经装到了 70% 的中国核电站里。现在，他们已经成为中国高端装备制造的中坚力量。

小重敲黑板知识点

2017 年 8 月，第一台"华龙一号"压力容器正式出海，它的目的地是 4000 千米外的巴基斯坦。

从蒸汽发生器、压力容器到汽轮机组，中国主要核电装备的综合国产化率超过 90%。作为全世界唯一一个 30 多年没有间断核电站建设的国家，中国核电体系建设锻造出的不仅仅是一个个大型部件，更锻造出了中国装备制造的一个个新生力量。

装备制造体系和人才体系托起的，还有让这个国家奔跑起来的新引擎。

取向硅钢

　　有句话说：中国水电在西南，西南水电在四川。这句话的意思是指，中国水力发电量集中在西南部，而四川的水力发电量尤为突出。四川有大大小小1400多条河流，铸就了发电大省的底牌，使四川水力发电装机容量、发电量双双稳居全国第一。

　　位于四川西部的雅砻江是我国第三大水电基地。梯级开发是中国几代水电人的梦想，依次建成二滩、锦屏等水电站。

雅砻江下游已经全部开发完毕，中游的开发正如火如荼，巨大的能量蓄势待发。要将澎湃的电能输送到中东部地区，离不开一个正在建设的项目——盐源换流站。

盐源换流站是雅中到江西 ±800 千伏特高压直流输电工程的起点。换流变压器是实现换流、升压、输送电力的关键装备，它强大的功能离不开一种独特的材料——取向硅钢。

上海，有着世界上最大的取向硅钢生产基地。世界最薄、等级最高的 0.1 毫米取向硅钢正在这座智慧工厂里生产。

二滩水电站

取向硅钢钢卷

小重敲黑板知识点

　　20 多年前，中国还没有生产高等级取向硅钢的能力，因此，中国建设三峡电站时，只能向国外购买取向硅钢。如果没有取向硅钢，我们的电力行业就没法发展，处处受到限制，如果没有好的取向硅钢，我们的电力行业就没法高质量大规模地发展。因此，取向硅钢曾经是制约中国电力发展的瓶颈。但是历经 20 多年的不断积累，中国的取向硅钢技术已经位居全球第一，覆盖研发、设计、生产等各个环节，解决了曾经制约中国电力传输的一个巨大瓶颈。

取向硅钢制造流程复杂，有上千个关键工艺节点，被称为钢铁中的艺术品。它是电力传输中必需的尖端功能材料。

经过数十年的积累，中国的取向硅钢产量已经在世界总产量中占据优势，其中高磁感取向硅钢更是占比突出。

一座300米长的连续退火炉，是钢材成为取向硅钢必经的一步。炉内水汽的含量、温度的控制都极其严苛。退火炉中的钢板内部聚集着无数微小的金属晶粒，其中一些晶粒的结晶方向与钢材轧制方向相同，完美契合导磁需求。

工程师们给钢铁植入一种特殊物质，抑制其他晶粒，而只允许这些神奇的晶粒按照同一方向继续生长。钢材在这里拥有了独特的基因，决定它具有定向导磁性能，同时铁损、磁感、噪声等指标也将达到最佳标准。

从退火炉出来的一批钢卷被送入环形炉，环形炉被称为取向硅钢的摇篮，这里是取向硅钢晶粒再次结晶的地方。直径60米的环形炉，共有120个炉台，分为4个区，从50℃到1250℃，温度误差严格控制在±2.5℃之间。精准的温度控制，使每一个钢卷、每一层钢板都能够均匀受热，从而保证取向硅钢的晶粒完美生长。

环形炉

取向硅钢金属晶粒

经过 7 天 7 夜，钢卷出炉了。

去掉涂层的钢片现出庐山真面目，布满花纹的钢板表面上每一个不规则的图案就是一个金属晶粒，直径由 0.02 毫米成长到 3~5 厘米。

不要小看这些看来并不漂亮的硅钢片，它在工程师们眼里却是最美丽的宝贝——晶粒生长得非常完美。如果把更高规格的取向硅钢用到全国主要输变电工程的装备上，每年将节约 900 亿度电，接近三峡电站 1 年的发电量。

　　这家工厂生产出来的取向硅钢，被运送到辽宁沈阳的另一家工厂里，雅中项目换流变压器的铁芯叠片即将开始，使用的便是这些取向硅钢。

　　±800千伏换流变压器的铁芯采用的是厚度为0.27毫米的钢片，需要16名工人三班倒，每天24小时，持续4天，叠拼5000层才能完成。

　　叠片，看似简单，却要求极严。工人们要把20多种规格不同、大小不一的柔软钢片拼接起来，相邻两片的间隙必须严格控制在1.5毫米。这是变压器磁力通畅、高性能传输的关键。这是一项极其耗费精力和体力的工作，每人每天要翻动两吨钢片。但是，挑战还远不止这些。叠拼开始，每一级的宽度都要比上一级加大，到达中间最宽时，正好是1384毫米，随后，每一级的宽度又开始渐次缩小。

最终,工人们要把5000片叠成一个边缘是锯齿状的阶梯圆。每一级的厚薄、宽窄都不相同,工人们要精准地控制变化的尺寸,而且每一级顶端的尖角必须在圆周线上,误差仅为±1毫米,难度可想而知。一旦偏差过大,就会直接影响后面层级的叠拼,最终降低变压器的性能,甚至报废。

要保持这个体积面和水平面的误差不超过1毫米,需要用打平垫块来把它敲平。有专人随时检查,检查人员用手中的垫块像调整秤的准星一样,矫正钢片侧面,不放过任何微小的偏差。只有这样才能确保5000层、34级的圆柱体完美成形,少一分则太少,多一分则太多。终于,16名工人用被称为艺术品的取向硅钢,完成了一件新的工业艺术品。

经过45项严格检测,雅中项目第一台±800千伏换流变压器正式出厂。

±800 千伏换流变压器

奔跑吧"复兴号"

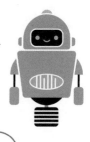

大器，你坐过火车吗？你知道"和谐号"和"复兴号"高铁之间有什么区别吗？

我当然经常坐啦，这可难不倒我。它们的名字不同，速度也不同呗。"复兴号"比"和谐号"更快。

好吧，你的答案也不能算错。不过呀，除了速度和名字，"和谐号"和"复兴号"最大的区别，一个是引进别人的技术，一个是中国自己的技术。

1. 和谐号

　　过去中国是没有独立自主生产高速动车的技术的。2004 年，为了满足百姓更高的出行需求，中国分别从日本、法国、德国引进了现代化的高速动车组技术平台，并在消化吸收再创新的基础上研发了中国的系列高速动车组，这就是"和谐号"。简单来说，"和谐号"是在别人成果的基础上研发改进的。既然是别人的成果，而且是好几个国家的成果，它们之间的标准就不统一，不能互联互通，难以互为备用，这就导致了运营、维护成本增高，不好管理。于是中国标准动车组"复兴号"应运而生。

2. 复兴号

　　新一代标准动车组"复兴号"是中国自主研发、具有完全知识产权的新一代高速列车。"复兴号"动车组关键系统软件全部由中国自主研发，拥有完全自主知识产权，在254项重要标准中，中国标准占84%。通过"复兴号"的研制，中国铁路系统掌握了车体、转向架、牵引、制动、网络等核心关键技术，构建了中国高速铁路装备成套试

验验证体系，搭建了具有完全自主知识产权的中国高速动车组技术创新平台。

与日本、德国等高铁强国相比，今天，中国在高铁技术领域不逊色于任何一位竞争对手。这个傲人成绩的背后，是60多年来形成的庞大制造体系的支撑。

一列"复兴号"标准动车的组装，分为车体、转向架、总装3个部分。3个部分的3条生产线上，总计有14000名工人，要安装列车上7100多种、总计55万多个零部件。

中国高铁的研发，至少拉动着30万家零部件企业的发展，它们实现了冶金、轴承、型材、精密仪器等数十个高端装备行业的自主创新。围绕着高铁机车，中国22个省有700多家企业参与了技术的研发和配套工作。

3. 高铁中国芯——复兴号的"心脏"

　　高铁跑得快，全靠电机带。高铁上的牵引电机，是由一种叫 IGBT 的芯片控制的。"复兴号"的"心脏"——牵引变流器，是由 1152 个指甲盖大小的 IGBT 芯片组成的。不要小看这些小小的芯片，它们是能让高铁平稳运行的关键。现在，它们不止用于高铁，还用于智能电网、航空航天等领域。

　　IGBT 技术诞生 30 多年来，一直被德国、日本等制造强国把控。而今天，中国自主研发取得突破。湖南株洲是中国最大的轨道交通制造集群，这里聚集了 320 多家轨道交通装备企业，被称为"电力机车之都"，拥有全球第二条 IGBT 生产线，实现了

IGBT 量产。

芯片造出来还不行，IGBT 需要组装到牵引变流器当中才能发挥作用。在以前，组装工作只能靠人工，28 道工序，1 天才能组装好一个。现在中国早已实现牵引变流器的智能制造，3 小时就能组装好一个。

技术突破了，效率提高了，咱们的高铁中国芯当然可以澎湃运行啦。

4.巨无霸挤压机

你知道"复兴号"的车身和地板是如何连接到一起的吗？连接列车侧墙和地板的大部件叫作边梁。机车的边梁有 25 米长，结构非常复杂。以前制造它，都是将两块型材焊接在一起，但焊缝会影响高铁的车身强度。现在，中国工程师可以实现这种超大铝型材的一次成型。

山东龙口，中国最大的轨道交通铝型材制造基地里，有中国自主研发的第一台万吨级铝型材挤压机。它可以实现复

杂结构大部件的一次成型。不仅是高铁，地铁、船舶上要用到的超大铝型材，也都可以用它来加工。

制造车身铝型材就像轧面条一样简单，但是所谓的简单，是在中国的工程师们经过一次又一次的试验，找出最合适的参数的前提下。因为挤压过程会产生热量，挤压速度过快或过慢，都会让铝锭的温度不稳定，从而影响铝型材的质量。

挤压过程要控制温差不超过50℃。如何控制温差是此前德国、日本制造巨头的核心机密。后来，中国工程师用挤压速度的快慢，成功解决了这个难题。试验了整整一年，工程师们找到了最合适的挤压速度参数。挤压速度控制在每分钟4米，边梁一次挤压成型。

好啦，有了中国芯，有了边梁，我们可以出发前往青岛组装，那里可是中国高铁的梦工厂。

挤压机

这台巨大的挤压机，好像压面机。那些铝材就像面团，往机器里放，用力压下，就会变成你想要的形状。

这个比喻很形象呀。不过这台巨无霸"压面机"的挤压力最大可以达到13500吨，这相当于2000多头大象的体重。上千吨的铝锭在挤压机里会像面条一样柔软，制造车身铝型材就像轧面条一样简单。

5. 高铁梦工厂

中国高铁制造速度世界第一！这可不是小重我吹牛。在高铁梦工厂里，平均每 4 天就能制造 3 列中国标准动车组。这个让世界震惊的中国速度，是由 1 万多名技术工人创造的。

车体制造是整个制造中最基础、最首要的环节。焊接组要将车体的尾部、车头、车顶和两边的侧梁和侧墙焊接在一起，这一步，没有任何机器可以替代，只能由技术工人一点点完成。全长 25 米的车体，变形不能超过 5 毫米，对焊接的技术工人来说，是非常大的考验。

为了确保车体焊缝对称收缩，自动手臂焊接外部焊缝时，车体内部的人工焊也必须同步开始，这是车体 30 年使用寿命的质量保障。

因此焊接时需要 4 个人同时作业，从车体中间开始向两端焊，大家行进的速度要始终保持一致。

这些中国工人，铸就了中国高铁制造速度世界第一的基石。

小重敲黑板知识点

　　截至 2022 年年末，中国高铁运营里程突破 4.2 万千米，覆盖 95% 的 100 万人口及以上城市。总里程已能围绕地球赤道一周，超过了第二至第十位国家高铁里程的总和。现在，中国高铁成为当之无愧的中国名片，为世界高速铁路提供中国标准中国方案。

　　八纵八横高速铁路网的宏大蓝图正在向远处延伸。

百年梦想之路

要想富，先修路。

大家一定听说过青藏铁路，青藏铁路是中国新世纪四大工程之一，也是世界上海拔最高、线路最长的高原铁路。青藏铁路于1958年开工建设，2006年7月1日全线通车，彻底结束了西藏没有火车通行的历史。

中国第二条进藏铁路，是川藏铁路。川藏铁路是一条连接四川省与西藏自治区的快速铁路。川藏铁路如果建成，将成为继青藏铁路之后世界屋脊通往内地的又一条大动脉，且是中国西南地区的干线铁路之一。

从四川盆地到世界屋脊，海拔累计落差14000米，中间被纵贯南北的横断山脉阻隔。在这个人类星球第一大台阶上修建铁路，是中国人的百年梦想，也是人类历史上最具挑战的铁路工程。但我们过去受制于落后的装备和技术，梦想一搁置就是60年。

难，就不修了吗？不，不仅要修，还要修好。如今的中国，已经有底气、有能力将这个人类空前绝后、震古烁今的终极工程变为现实，实现中国人自己的百年梦想。

时间回到成都至雅安的建设路段上，川藏铁路东线工程正在全速推进。这里是被称为"天漏"的多雨地带，工程人员必须在夏季暴雨来临之前完成施工。工程师们要在两天里完成以往4天的桥梁架设任务。前所未有的施工速度，遇到的所有难题都在挑战着中国工程装备，更是对人才实力的综合验证。

工欲善其事，必先利其器。现在，跟着小重一起去看看，当时有哪些中国工程装备在川藏铁路中大显身手！

1. 工程利器一：轮式运梁车

　　3 台 180 吨全地形轮式运梁车，向着川藏铁路第一座特大桥——骑岗村特大桥施工现场挺进，车上是 32 米长、150 吨重的 T 形梁。

　　这种中国自主设计制造的轮式运梁车，从根本上改变了铁路桥梁只能依靠轨道运输的作业模式。

　　运梁车将厢梁直接运至架桥机下方，实现对接。世界之最的创造速度之快不只归功于轮式运梁车，更为关键的是它背后机械集群的强大支撑。

2. 工程利器二：预制工厂

T形梁又大又重，如果制作T形梁的厂房距离太远，运输成本就会极大增加。把制梁工厂建在施工现场，压缩运输距离是中国首创。在这些制梁工厂里，600多名工人组成的8个专业班组有条不紊地进行制梁作业。

1小时内，在自制的钢筋预扎架上，一片桥梁的主体钢筋结构就可以绑扎完成。

两小时，20个制梁台可以同时安装上钢筋骨架。

不到3小时，自动计量搅拌站就可以完成一片长32米、重150吨的T形梁浇筑。整个过程全都是流水化作业。

1天之内，梁厂可以制造出10片T形梁。整个成雅段41.18千米，26座桥的1864片箱梁都在这里完成。

而这些预制工厂本身，也是川藏铁路提升施工效率的秘诀之一。

小重敲黑板知识点

大家肯定玩过过山车，过山车道起起伏伏，惊险刺激，川藏铁路就像一条超长的过山车山道。

和青藏铁路"缓坡式"上升不同，川藏铁路是"台阶式"的。如果从剖面看，川藏铁路穿越横断山，跨越金沙江、澜沧江、怒江、雅鲁藏布江，在平均高差2000米的山谷间"八起八伏"，累计爬升超过1.4万米。

"八起八伏"难度就已经很大了，还要加上沿线山高谷深、地质灾难频繁、强烈的板块活动和敏感的生态环境等难题，都说"蜀道难，难于上青天"，入藏天路更是难上加难。

梁厂建在铁路附近，那等铁路建成了，不需要箱梁了，这些厂房不就浪费了吗？

不要担心，工程师们早就考虑到了这一点。当最后一批箱梁生产完毕，这些预制工厂都将变成车站。川藏铁路全线1800千米的36个车站，在施工期间承担加工厂的任务，这也是中国设计师的独创。不浪费一寸土地，更能最大限度地保护环境。

3. 工程利器三：重型机械

川藏铁路的西线工程要比东线复杂得多，高海拔、大落差、雪崩、滑坡、岩爆等脆弱的生态环境、多达上百种的复杂地质状况，是铁路工程建设史上极少遇到或从来没有遇到的难题。

西线是万山叠嶂的横断山脉，大型设备根本无法进入。

要在这里顺利施工，汇聚的是独一无二的中国力量。中国工程师逢山开洞，遇水搭桥，独有的中国工程方案成功解决了八起八伏的高落差难题。

很多工程利器，在川藏铁路的建设中，发挥了巨大的作用，一起来认识一下它

们吧：

适用于高原施工的装载机，瞬间推力可达 50 吨，是全球独有的高原工程利器。

一体式带模注浆机，喷浆在 10 秒内可以迅速凝固，是世界上最先进的隧道支护喷浆。

高原运输车专门运送物资，通过川藏公路源源不断地进入藏区。

4. 工程利器四：新式胀壳头

川藏铁路是一条典型的"高原地下铁路"，隧道很多，尤其是西线上，仅拉萨到林芝段就有 47 座隧道。川藏铁路隧道非常长，每一段隧道都超过了 20 千米，而且有大埋深的特点，超过地下 1000 米，再加上地质复杂、敏感的生态环境和恶劣的自然环境，这些都给隧道施工带来严峻挑战。

施工队伍就曾经在令达拿隧道遭遇了大难题——软岩大变形。隧道的变形长度达到 17 米，嵌入墙体上用于加固隧道的钢筋脱落，导致隧道顶部下沉，随时有塌陷的危险。

为了抑制大变形，全国几十家设计施工单位整装待命。

首先，在隧道之上900米的山顶，勘测团队利用绳索取芯钻机，取出地下1000米的地质样本。样本的疏松度分析，是决定隧道里使用何种支护设备的基础。

在成都，工程测试团队拿到样本分析后，对8种岩层样本进行应力检测，这可以确定支护设备施工的最佳角度。

在北京，来自全国的十几家技术攻关团队，根据前方采集的数据，分析抑制大变形所需的支护装备数量。

全国各地的工程师们，群策群力，短短两天，他们给出了解决方案——使用最传统的锚杆，搭配一个只有 10 厘米长的新式胀壳头。

借助这个新式胀壳头，锚杆可以穿透至少 20 层千枚岩。锚杆呈 30 度斜角，按每分钟 0.1 米的钻进速度打入岩体。插入进去过后，用扭力扳手对它施加一定的力，使前面的胀壳头胀开，让这个锚杆提前受力，抑制软岩的早期变形。

终于，岩层大变形被成功抑制。

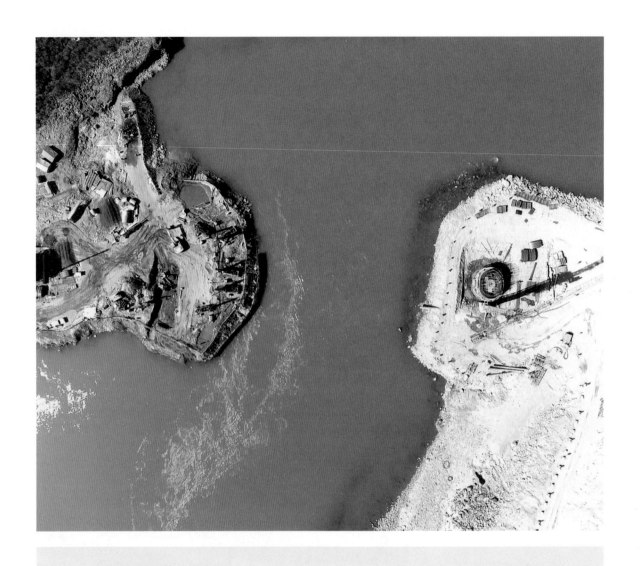

小重敲黑板知识点

　　川藏铁路预计到 2026 年就要全线贯通啦。到时候，从成都到拉萨仅需 13 小时。世界屋脊上再开辟一条经济、快速、大动能、全天候的运输大通道，它将成为中国西南地区最为重要的交通大动脉。

　　一个世纪的等待，一个世纪的期盼，这条曾经一度被认为不可能建成的天路，在一代代勤劳勇敢、不畏艰险的中国人努力下，正在变成现实。

　　数十万铁路建设者，上千种、近百万台工程装备，还将在川藏铁路沿线大展身手，它们将创造人类历史上最为壮观的奇迹工程。

千年梦想之桥

　　中国人一向乐善好施，装备体系、技术体系、人才体系，先进的技术成果从来不吝于与全世界分享。不信，你跟随小重一起到孟加拉国去看看。

　　孟加拉国首都达卡，是世界上最拥堵的城市之一。横穿达卡城的帕德玛河是哺育当地百姓的生命之水，但也是这个国家南北经济的巨大阻隔。

　　帕德玛河将孟加拉国分成了西南与东北两部分。帕德玛河的上游有一座公路桥和铁路桥，可是下游由于河道过宽、水流湍急、洪水频发，一直未能建造桥梁，孟加拉国南

部和东部的人们千百年来依赖各种渡船过河。

亚热带丰沛的雨水，让帕德玛河时常泛滥。每年到七八月雨季涨潮，坐船过河至少需要七八个小时，甚至更长，而且还十分危险。原本就不太通畅的交通运输甚至会随时面临停摆。

2014 年，由中铁大桥局承建的承载着孟加拉国人民千百年梦想的帕德玛桥正式开建。这是一座公铁两用大桥，建成后，不仅将连通孟加拉国南北，还将成为孟加拉国直通中国、缅甸、印度的重要枢纽。

这是孟加拉的千年梦想之桥！

1. 让"桩基"在河床上"生根"

在帕德玛河上建桥是一个世界级的难题。

孟加拉国属于典型的冲积带，帕德玛河床下 110 米的地方依然是疏松的沙层。受水流的影响，河床粉细砂呈流沙状态，就像在沙漠里大树无法生根因此无法生长一样，桥墩"桩基"也没法在帕德玛河床上"生根"。桩基不稳，意味着整座大桥根本无法建

起来。唯一的方法，就是把桥墩的主体结构——钢桩打入帕德玛河床下至少120米。

也就是说，在这里建设大桥，桥墩的主体结构——钢桩，至少要达到120米的长度，才能确保大桥稳如泰山。只要解决了桥墩"桩基"的"生根"问题，桥就建成了一半。

施工一开始就困难重重，中国工程师们依旧迎难而上，光是桩基试验，边做边施工就干了4年多。

终于，第一个重要的工程节点来临了。工程师们要把一根超长超重的钢桩打入帕德玛的河床中。

这根钢桩长120米，直径3米，总重550吨，是桥梁主墩钢桩。把这个巨无霸打入河床，说起来简单，实际操作起来，难于登天，因为当时世界上没有任何起重设备可以完成120米长的巨型钢结构部件的竖直吊装。

中国工程师们想出了一个让世界瞠目的施工方案：将这根长钢桩分成两段组合安装，第一段长70米，重310吨；第二段长50米，重240吨。成功打入第一段后，再将第二段焊接上去。

世界上也从来没有将一根钢桩分成两段施工的成功经验，中国人要把理论上的施工方案变成现实，让"桩基"在河床上"生根"，只需要四步。

2. "生根"第一步：钢桩入水

夜幕降临，第一根钢桩即将入水。这么一个大家伙，需要将它固定在导向架上再缓慢滑入水中。

这个导向架也是中国工程师自主设计的，在三级定位控制下，可以将钢桩定位精度调整到20毫米以内。

30多名工人集体上阵，用钢缆将钢桩拖拽成倾斜的姿态，固定在导向架上，钢桩要沿着导向架倾斜下滑，以10度的倾斜角度入水。

这是入水前最关键的时刻，角度稍有偏差，都会影响未来钢桩的受力。

在工程师们的努力下，首根钢桩按照预定角度完美入水。

小重敲黑板知识点

　　为什么钢桩不是垂直打进河底，而是要倾斜10度入水呢？仔细观察咱们日常使用的椅子和桌子，你发现了吗，它们的四条腿也并非垂直于地面。这是因为椅子腿如果垂直于地面，人坐上去并不稳当，椅子很容易翻，如果椅腿稍微向外倾斜，会有水平分力把它支撑起来，这样就相对稳固一些。同样的道理，钢桩必须要以倾斜的角度入水。

3. "生根"第二步：使劲锤打

如果把钢桩比喻成一颗钉子，那么就必须要有一把锤子将它打入既定位置。锤打这根长70米、重310吨的巨型"钉子"，需要多大一个锤子呢？下面，我为大家隆重介绍一把巨型大锤——液压打桩锤。

这把大锤形似铜铃，重达380多吨，是为帕德玛工程专门设计定制的。

这将是世界上首次超长、超大直径的钢斜桩插打。可以说，液压打桩锤肩负重任，压力山大，因为以多大的力将钢桩打入河床，全世界都没有可以借鉴的工程数据。

最难的钢桩入水已经顺利完成了，再用这把铜铃大锤将它钉到河床上。这活儿听起来很解压啊。

如果你以为把它吊装到钢桩的顶端，再咚咚咚往下敲击就完事了，那你可就大错特错了。想要把钢桩打入河床深处，打击的力度非常重要，风速、流速、电压，每一个参数的变化都会影响它的打击力度。

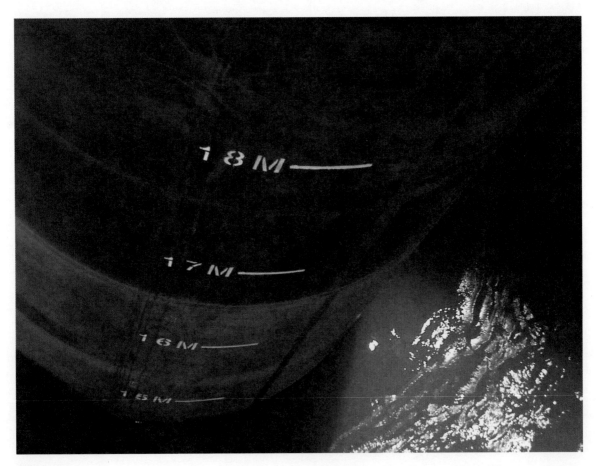

钢桩入水

技术员要密切关注风速、流速、电压的变化，再经过上百次演练总结经验，根据每一天的气象参数定好每一锤的打击力度。这还没完，之后，还要根据不断变化的风速、流速，不断调整打击力度和速度。

咚咚咚咚……是不是震撼人心的声音？经过 20 小时连续作业，帕德玛跨河大桥第一根主墩底节钢桩成功嵌入河床。液压打桩锤的第一项任务圆满完成啦！

4. "生根" 第三步：空中焊接

第一根钢桩成功嵌入河床了，现在，该将第二根钢桩接到第一根钢桩之上了。

第二根钢桩长达 50 米，需要在空中和第一根钢桩完成对接，起重船要始终吊着第二根钢桩，让它悬停在第一根钢桩上方，然后用焊接的方式将两根钢桩合二为一。两根钢桩的接口缝隙要控制在 5 毫米之内，才能确保焊接顺利进行。这是整个施工过程当中风险最大的时刻，而且悬空焊接，只能由人工完成。夜晚来临，空中焊接"大戏"终于拉开帷幕。

等等，这么重要的焊接工作为什么要放在夜晚来完成呢？

帕德玛河夜晚的风速和水流比白天平稳，所以焊接选择在夜晚进行。

　　20米高的平台上，3名焊接工人要将两根钢桩融为一个整体，他们要打破的是百米钢桩无法施工的国际魔咒。

　　两根钢桩的接口深度达6厘米，而它们之间的缝隙只有5毫米，完成这种焊接采用的是堆焊。

　　焊枪伸进6厘米深的内壁，工人必须长时间躬下腰身，手上重达4千克的焊枪也要保持固定的角度，匀速移动。

　　任何一点大的摆动，都有可能导致焊缝变形而前功尽弃。

　　钢桩周长将近10米，焊接整整持续了9小时。

5. "生根"第四步：再次锤打

两根巨大的钢桩经过焊接合二为一，仿佛《西游记》里东海龙王的那根定海神针。可是，焊缝够不够强韧？能不能承受住重压？这一步，又要请出我们的巨型大锤来考验焊缝的强度了。

也就是说，焊缝必须达到甚至超过钢桩筒体本身的强度，才能经受住锤击。

液压打桩锤再次隆重登场。液压锤击打钢桩的声音，再次在帕德玛河上响起。

这一次击打的时间要比第一次多出近4小时。

焊缝能否经得住考验呢？

咚咚咚咚……液压打桩锤竭尽全力长时间击打，长度近10米、高度达6厘米、宽度达5毫米的焊缝，没有一丝裂痕！

终于，历经48小时，总长120米、直径3米、总重550吨的全球最大的桥梁主墩钢桩，稳稳地嵌入河床120米深处。

这是来自中国的600名工程师和技术工人，70余台设备组成的装备集群创造的世界新纪录！

小重敲黑板知识点

帕德玛大桥横跨帕德玛河，为双层钢桁梁大桥，上层是双向四车道公路，设计时速100千米，下层为单线铁路，设计时速120千米，大桥主桥长6.15千米、宽21.5米。大桥通车以后，孟加拉国南部21个区与首都达卡之间居民往来需要摆渡的历史也随之彻底结束，原本七八个小时的过河通行时间可缩短至10分钟。

运输巨无霸

我有一个问题一直想不通，火箭这么大的家伙该怎么运输呢？就算是擎天柱那样的重型卡车也运不了这么大的东西吧？

再厉害的重型装备，升空前也必须先完成地面运输。这需要一些动力强劲、动作灵活的特种装备，比如重型特种运输车，运输装备中的"巨无霸"，来了解一下吧。

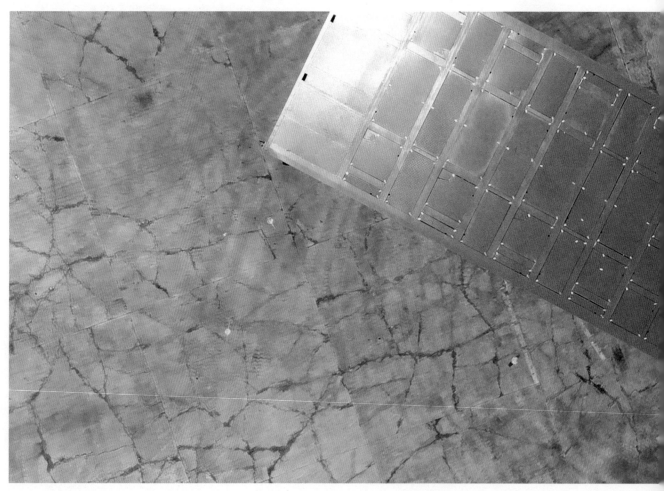

重型特种运输车，是世界上轮胎最多、最强悍的载重运输设备，也是航空航天大部件运输急需的装备。此前，这个领域一直是德国装备巨头的天下，现在，中国也能自己生产出重型特种运输车。

中国最大的重型特种运输车研制基地在湖北孝感。

这台 450 吨的重型平板运输车，长 20 米，宽 6.1 米，载重平台的面积有一个半羽毛球场大。

它的运载能力的极限是多少呢？下面，它将接受测试。

150 吨的龙门架，连同 300 吨重的配重块，总重量 450 吨，相当于两架波音 747 客机的重量。这是这台"巨无霸"重型特种运输车的任务目标。

为了分散路面压力，这一次的重型特种运输车配置了 64 个车轮。

重型特种运输车

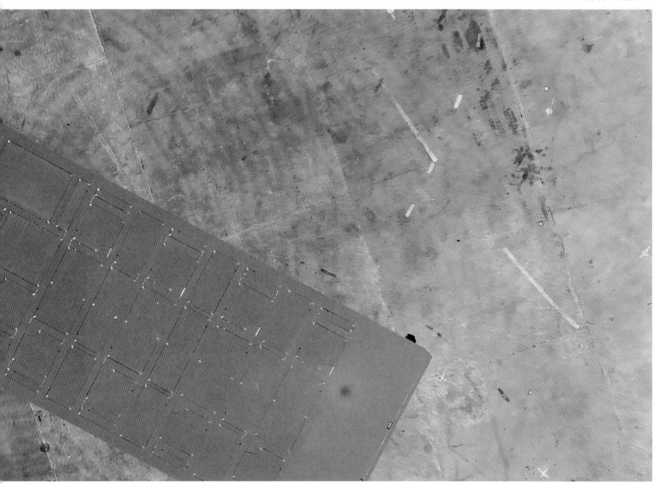

驾驭如此多的轮胎，需要最先进的控制系统。

平板车又长又宽，为了缩小转弯半径，每个车轮都可以做 ±100 度转向。

要让 64 个灵活度很高的轮胎步调完全一致，需要 6 个车载控制器、16 个转向油缸、16 个独立转向悬架协同工作。

有了这种运输车，中国火箭发射场内的转运，可以完全摆脱传统轨道运输的方式，更加便捷和高效。

特种运输车发动机缸体使用的是蠕墨铸铁材料。

蠕墨铸铁，是国际上公认的最具潜力的高端发动机材料，抗拉强度和耐疲劳强度几乎是传统发动机灰铁材料的 2 倍。

　　运输 450 吨的物品，竟然也能做到如此丝滑轻巧，简直太厉害了，它的发动机一定非常强劲。

　　那是当然的，中国的特种运输车有一颗强大的"中国心"。

此前，只有瑞典和德国较为成熟地掌握了蠕墨铸铁制造发动机的技术。

为了研究蠕墨铸铁的技术，在中国的柴油发动机生产基地，这些银色的包芯线里，藏着中国工程师研发出的核心机密。

将它添加进熔炉，普通的铁水就能获得蠕虫状石墨，变成强度更高的蠕墨铸铁。

不要小看这些黑色的粉末，为了找到包芯线里面这些黑色粉末的配方，中国工程师们用了整整 4 年时间。数百种的组合，每一种组合都需要无数次的试验验证。

即便有了配方，制造的工艺也要分毫不差。

包芯线送入炉内的长度和速度要经过反复测量。

超过 1400℃的铁水，必须严格控制在 50 秒之内到达蠕化站。

蠕化的铁水全部注入模具，必须在 8 分钟之内完成。

每一个环节，都要精确把控。

因为铁水里产生的蠕虫状石墨，是介于球形石墨和片状石墨之间的一种形态，非常不稳定，要把不稳定的形态稳定地生产出来，难度极大。就像抛硬币，正面是灰铁，反面是球铁，立起来就是蠕墨铸铁。工业生产，要求每一次抛硬币都是立起来的。

所有的工艺参数，中国都已经完全掌握。

在总装厂房里，每分钟就会有 3 台柴油发动机下线。新一代蠕墨铸铁发动机将在这里全面装备中国特种运输车辆。

我们的国家正发生日新月异的变化，无数的高楼大厦如雨后春笋般拔地而起，大城市中超高层的建筑林立。现在的楼房建筑都是用钢筋水泥建造的，可是面对动辄几百米高的高楼，我们的混凝土是怎么运输上去的呢？用起重机吊还是工人们一筐筐往上背呢？这个问题的答案，请一位臂展超级长的"金刚"来回答。

名称： 长臂架泵车　　　　　　　　**特点：** 拥有 47~86 米超长手臂

技能： 将混凝土泵送到任何地方　　**国籍：** 中国

长臂架泵车

　　如果建造高楼的混凝土用起重机吊或工人们一筐筐往上背，那这栋高楼得建到猴年马月？运输混凝土，必须靠我！

　　我的名字是长臂架泵车，"人如其名"，看到我这只超长的手臂了吗？秘密都在我的手臂里。下面，请大家跟随我去阿拉伯半岛，看看我是怎么工作的。

　　5月，阿拉伯半岛进入一年中最热的季节。沙特阿拉伯吉赞经济城的工地上，工人们在艳阳下依旧干得热火朝天。在这片沙漠的中心，方圆100千米的吉赞经济城已初

具规模。这是沙特阿拉伯第二大工业城，未来，它将是沙特联通欧亚贸易的重要经济支点。

在这个工地上，除了浓眉深目的本地工人，还有一支十分引人注目的工程队——中国工程队。没错，我跟随着中国工程队来到大洋彼岸，在这座沙漠新城里，建设最重要的基础设施——循环用水系统。

供水设施的心脏——泵站的基座将开始浇筑。2000立方米的基座大概相当于国际比赛游泳池大小，浇筑需要连续20小时不能间断。我和我的兄弟——47米长臂架泵车，是承担这次任务的主力。

可能有些人会想，不就是在一个大池子里灌混凝土吗，这有多难呢？大家不知道，这个基座的浇筑面宽40米，只有一侧空间可供泵车停靠。也就是说，要浇筑到基座的另一侧，要求泵车臂架长度必须在40米以上，并完全呈水平伸展。也就是说，我的胳膊要水平伸直了，才能将混凝土输送到对面。

我的手臂如果垂直往下泵送混凝土，小菜一碟，可是40米的手臂要完全伸直，对臂架的承压能力是个巨大的考验。因为水平泵送对臂架的压力比垂直泵送要高出3~4倍。困难还不

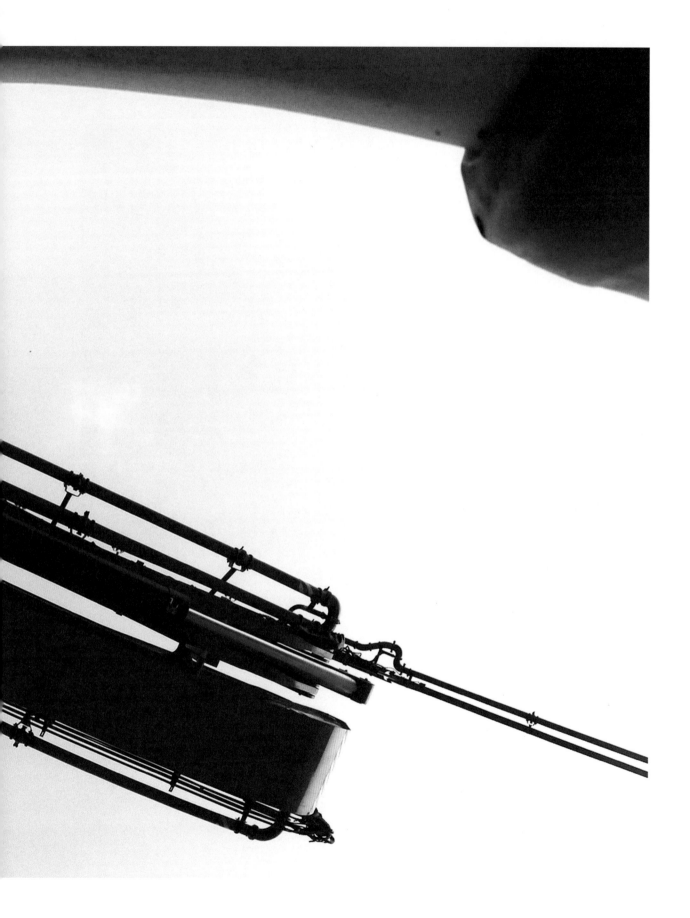

止这些，考验中国泵车的不仅是长时间的工作，还有世界级的极端工况——泵站就在红海边。沙漠和海水间的温差已经高达 40℃，这给我的工作带来了更加复杂的风场。这里最大的风力可以达到 13 级，我的臂架必须足够坚韧，才能应付随时可能出现的强阵风。

但是，这一切困难都难不倒我们。我们可是中国制造的超级装备。一个昼夜的鏖战，我和我的伙伴创造了高温下连续作业的最高纪录，成功完成基站的浇筑任务。面对世界级施工难题，我也能轻松解决。

我之所以这么强悍，无惧任何极端工况的挑战，秘密就在制造手臂的材料中。

长臂架泵车也太帅了！我也想拥有这么坚韧又强悍的手臂。可是，它的手臂是用什么材料制成的呢？钢铁吗？

普通的钢铁可没这么结实有力。我猜材料一定非常特殊。咱们到制造长臂架泵车的工厂里一探究竟吧。

大家跟着我，一起去见证一下强悍手臂是如何诞生的吧。

我的"老家"在湖南长沙，这个亚洲最大的工程机械智能化车间里平均每小时就有一台中国泵车"出生"。

我的强悍手臂需要用1800兆帕高强钢板制作，这种高强钢板每平方厘米能承受住18吨的压力，相当于只用一根手指就能顶起一头成年非洲象。

要做出这种高强钢板可不容易。想要让普通钢板变成高强钢板，最重要的一个环节是热处理。工人们将400兆帕的普通钢板投入一个120多米长的加热炉里，从室温迅速加热到900℃左右的高温。

在此期间，要还严格计算和把控温度，因为温度参数稍有偏差，钢的强度就大不一样。

工程师们做了将近1万组试验，取得了4万多组数据，才把材料做到极致，做出了世界最强悍的臂架。

加热后的整块钢板被送进淬火机冷却。淬火机上下两排共64个阀门，控制冷却液的速度和流量。调试冷却

液的阀门参数，找到这 64 个阀门的最佳组合，是决定成败的关键。64 道冷却液需要从正反两面同时冲击钢板，每一道的流量和速度都不一样。每块钢板将近 40 平方米，要确保钢板每一寸温度都绝对均匀地冷却，温差不能超过 ±1℃。光这个最佳的冷却方式，中国的工程师们就花了 3 年多的时间才找到。

快速冷却时间必须控制在短短的 20 秒，才能完成普通钢板向高强钢板的蜕变。

1800 兆帕的高强钢板出炉后，每一块钢板都要经过硬度仪的检测。只有钢板 4 个角的硬度都超过 500 千克力，才意味着整块钢板强度达到了 1800 兆帕。

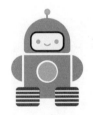

用这么强悍的材料来制作手臂，难怪长臂架泵车这么强悍呢。可是 47 米的手臂是不是长度的极限了呢?

当然不是了，一代"泵车之王"又诞生了——101 米高强钢超长臂架泵车。中国是目前世界上唯一一个可以制造 101 米超长钢制臂架泵车的国家。

小重敲黑板知识点

　　以前咱们要使用高强钢原材料只能依靠进口，它成了国外巨头用来遏制中国工程机械产业发展的撒手锏。但是现在，中国生产出的高强钢达到了世界先进水平。

　　而这种高强钢，不仅可以应用于工程机械领域，在汽车工业、矿山设备、深海探测等领域也将大展身手。

通达天下

超级装备让人类获得超越自身的能力，工程机械制造水平和能力，成为衡量一个国家工业水平的关键指标。中国，已经是全球工程机械最大的制造基地，这是中国迈向制造强国最有可能率先跻身最先进行列的领域。

高原小标兵：高原装载机

　　我，是由中国自主研发的大吨位高原装载机，不仅可以在氧气稀薄的高原正常工作，还能轻松铲断厚达半米的坚硬岩石。

　　以前中国的机械制造水平有限，经常购买西方品牌的装载机，价格昂贵不说，有的还不能适应中国的地理特征，在一些特殊环境，比如高原工作时，西方装载机难以达到预定性能，严重影响了高原工程的施工进度。后来，中国的工程师们开始了国产大型高原装载机的研发，并在投入大量资源之后成功获得了突破，我应运而生。

名称：高原装载机　　　　　　特点：在高原如履平地
技能：破石铲土，打通隧道　　国籍：中国

　　工程师们专门针对中国的高原环境对我进行了特殊优化，保证在氧气稀薄的高原上也能达到额定性能，保证发动机即使在高原环境下输出功率也能达到要求。如今我已经在多个高原工程项目里投入了工作，也在川藏公路上发挥了自己的力量。

　　川藏铁路全长 1800 多千米，全线有 340 座大桥、182 座隧道，桥隧比高达 84%。这条铁路穿越地球上地质活动最剧烈的横断山脉，从四川盆地到青藏高原，累计爬升14000 米，堪称人类铁路建筑史上风险最高的工程。

　　在西藏的桑珠岭隧道中，工人们需要钻孔预埋炸药，然后爆破。打通这条 16.4 千米长的隧道，会彻底终结藏东南地区没有铁路的历史。但坚硬的花岗岩，只能用钻爆法将它们炸碎，再清理出去。

　　这时候，我，就是整个工程的主角。隧道每前进 1 米，就要产生 30 多立方米碎石。

　　川藏铁路全线需要清理的碎石大约有 4000 万立方米，相当于 15 座胡夫金字塔。

　　此前没有先进装载机时，在平原建设这样的项目都困难重重，更别提在环境恶劣的青藏高原了。我投入工作之后，工程难度立刻降低了很多，因为我在高海拔缺氧工况下，也能动力十足，如履平地，每小时可以高效铲装 350 立方米的渣料，非常轻松地完成工程所需的土石方运输装载任务。

　　我的侧卸斗，使我在狭小的隧道内依然可以灵活作业。

　　爆破后，岩石根部仍有许多竹笋状硬岩，需要我来将它们连根铲掉。我身上的铲斗，作业时瞬间产生的推力能达到 50 吨，可以轻松铲断全世界大多数种类的岩石。强大的威力，势不可当。

　　让我爆发如此强大的威力的秘密，全靠我的"心脏"——液力变矩器。

液力变矩器

小重敲黑板知识点

　　液力变矩器安装在发动机和变速箱之间，由泵轮、涡轮和导轮组成。发动机给予泵轮动能，传动油通过泵轮，冲击涡轮，再反作用于导轮，最终使发动机扭矩呈几倍增加，输出动力。

在广西柳州的制造基地里，工人们正在挑战世界上最大吨位——12吨液力变矩器的砂芯制造。

他们把添加了黏合剂的砂子倒进射芯机，压出小块的砂芯，再一瓣一瓣地拼接起来，组成一个涡轮砂芯。

砂芯中间的空腔，就是叶片的位置，这里会浇注熔化的铝水，冷却后，涡轮叶片一次成型。

12吨的液力变矩器，叶片弯曲度比5吨的大了整整20度，如果使用传统的手工抽取方式容易坍塌，因为抽出来时会把砂子带出来，导致整个叶形发生变化，这会对液力变矩器的性能产生很大影响。

中国工程师们想出来一个绝妙的方法——分瓣制作、最后组装。

12吨液力变矩器的涡轮组芯达到了27块，就像拼积木一样拼在一起，做到零误差。拼好之后，还要给砂芯表面上一层涂料。可不要小看这层涂料，它是又一道确保涡轮制

造精度的关键工序。涂料厚度要严格控制在 0.2 毫米以内，过去，这个涂料的配方曾是国外巨头严守的秘密，现在已经被中国工程师们完全掌握。

制芯、烘烤、浇铸、清砂、组装，仅仅需要 7 天，液力变矩器就制造完成了。有了这么强悍的"心脏"，我当然能在各种极端的工况下爆发出强大的威力。

我们装载机家族中，可谓人才济济，除我以外，还有一位悍将,本事更加惊人。

它是我们家族中最灵活的大力士，拥有中国举升最灵活、铲装最强悍的铲斗，拥有中国自主研发的最大牵引力的变矩器，它就是中国

自主研发的最大吨位的轮式装载机——12 吨轮式装载机。它的诞生，标志着中国成为继美国、日本、瑞典之后，第四个拥有 12 吨位装载机制造能力的国家。

我的这个大兄弟，还曾经挑战过世界纪录——12 吨满载配重，爬上 30 度的斜坡，行进 20 米。从第一个车轮上坡时开始计时，此前，国际巨头创造的最好成绩是 30 秒，而我的兄弟，12 吨轮式装载机后轮冲破终点线的瞬间，时间定格在 28 秒。这是中国装载机登上世界最高竞技台标记的新速度。

小重敲黑板知识点

　　全球最大的 4000 吨履带起重机、全球最长的 101 米碳纤维臂架混凝土泵车、全球最大的 5200 吨上回转塔式起重机、全球首创全液压平地机、履带式全地形工程车，都是中国制造的。挑战极端工况，实现百年梦想，中国工程机械已经拥有跻身世界第一梯队的实力。

　　中国经济发展的巨大需求，为装备制造提供了巨大的练兵场。不断创新突破的良性循环，已经让中国工程师拥有足够的底气，制造出更优质、更高效、更强悍的装备，去挑战世界级难题。

我们城市的地下，有四通八达的地铁，我们的公路、铁路在遇到高山时能辟出一条条隧道，这些隧道是如何挖掘而成的？如此大型的基础设施项目，如果单靠人力解决，难于登天，一台中国自主研制的超级工程利器——隧道掘进机，解救了无数的工程师们。

刀盘

地下怪兽：巨型隧道挖掘机

"地下超级钢铁巨兽"，这个外号除了我或许没人担得起了。不过我还有一个更霸气的外号——"地下航空母舰"。我直径长7米，身长230米，身上安装着5万多个零件，拥有一副135吨重的"铁嘴钢牙"。像我这样一台5600千瓦的巨兽，每天能嚼碎2800立方米的岩石，填满一个国际标准游泳池。

　　我可是中国自主研发的全断面掘进机。

　　我的工作，其实就是像蚯蚓一样一点点啃掉前面的岩石、泥土，向前推进，所经之地，便会出现一条长长的隧道。我的头部在转动时，会产生几十吨的力，切割着岩石，切割下来的岩石会通过我的身体进入一台传输机。这在二三十年前简直无法想象。我每天可以在岩层中推进40米，推进后，紧跟着就要向墙面喷射混凝土。这是一道安全措施，保证墙面上不会有岩石落下来，隧道里就安全了，工人们才能开始接下来的施工。

　　一般情况的山体或者地底的岩石都难不倒我。如果地质地貌极其复杂，大断层、膨胀性泥岩、高石英硬岩、蚀变破碎带交替出现，我也会遇到难啃的"硬骨头"。

　　比如说，我正在挖掘的这段1千米长的地段，是全球工程师都谈之色变的蚀变破碎带。蚀变破碎带不仅位于地震带上，而且因为工程埋深是普通地铁工程的100倍，在全球极端工况中都属于最危险的。

　　洞壁上不断有碎石往下掉，工人们插入钢筋，进行加固。

我一边向前推进，一边从传输带上不断运送走碎石。

突然，轰鸣戛然而止，我被"拦住"了。还有什么能阻拦得住我这个超级巨兽？

工人打开传送带的舱盖，里面已经积满了岩渣。他们知道，我"牙齿"已经被完全堵死。

我的最前面有一个刀盘，刀头就是我的"牙齿"。刀盘顶着岩石面，无法后退，一旦卡死，无法更换，这是隧道施工最大的噩梦。

过去，遇到这种情况，只能通过人工清渣，一点点将我的刀头解救出来，工期一拖就是一两个月，甚至半年。

但现在，一项新发明可以终结整个掘进机家族的困境。

工程师们给我送来了一把能让我起死回生的"钥匙"——驱动轴。只需要30分钟，我就可以脱离困境，快速恢复运转。

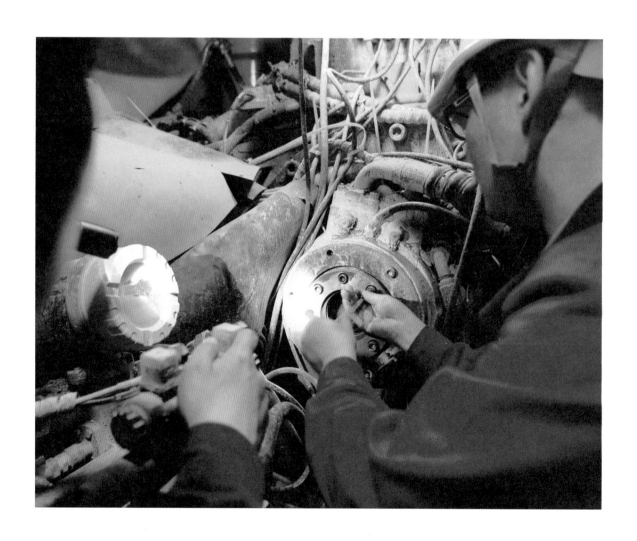

其实像我这样的大直径全断面隧道掘进机，10年前还一直被国外垄断。现在，中国不仅能自主制造，而且还破解了困扰挖掘行业50多年的世界级难题——卡机。

中国的独创技术，就在刀盘背后。

像我这种超过7米直径的大型掘进机，至少配有8个电机，中国的工程师们将其中一个换成"液压马达"。液压马达的转速虽然低于电机，但在同样功率下，它的扭矩却是电机的5倍。相当于一个是超级跑车速度快，一个是重载卡车承载大。用液压马达和电机双驱动，我就变成了一个混合动力的掘进机，一旦遇到卡机，就完全可以解决。

小重敲黑板知识点

以掘进机为代表，中国工程机械领域的液压、变频、控制系统等核心技术都取得了关键突破，中国在工程装备上的研发、制造实力，已经丝毫不逊色于任何一位竞争对手。

经过数十年的努力积累，中国基建在全世界范围内名列前茅，尤其是铁路建设。快速高效的交通物流，为中国经济成长源源不竭地注入动力。铁路建设如此迅猛，下面出场的这位金刚，功不可没。

名称：穿隧道架桥机　　　　　　　特点：小身材大力气
技能：力拔山河，改天造路高手　　国籍：中国

穿隧道架桥机

　　逢山开路、遇水架桥，中国每年新开上千座双向隧道，让中国在钢轨上奔跑起来的，就是我——穿隧道架桥机。

　　我是中国自主生产的新一代穿隧道运架一体机，我长72米，高9米，有64个大型工程轮胎，工人们叫我"大黄蜂"。

　　吊着重 790 吨的混凝土箱梁，驶向 15 千米外的工地，对我来说，小菜一碟。昌赣高铁沿途 9 座隧道，184 孔箱梁铺设的桥梁，都是由我在 6 个月内铺设完成的。

　　高铁架设对轨道要求十分精细，每孔箱梁的架设安装精度误差必须控制在 20 毫米之内。在建设昌赣高铁时，最让我骄傲的是，我穿越了昌赣高铁最难穿越的隧道之一——周角山隧道。"零距离架桥"任务，就是一出隧道就是悬空地带，架桥机必须穿越隧道在洞口完成第一孔箱梁的架设。

　　提着 12.6 米宽、790 吨重的箱梁穿过长 751 米、宽 13.3 米的隧道，这可不是一件简单的事。箱梁两侧距离隧道最难通过的地方只有 10 毫米。我的前后左右共有上百个传感器，负责转向、防撞、测速等功能。感应数据实时传送到监控屏幕上，工程师根据这些数据，判断架桥机的运行情况，进行精准控制，让我吊着箱梁快速通过。

　　我抵达隧道口时，会将导梁通过滚轮支腿移动到前方的桥墩上，进行固定。

　　前半部分机身吊着箱梁，通过滚轮缓缓延伸到落梁位置。抽走导梁，落放箱梁！

　　仅仅需要 1 小时，我就架设完成了隧道口的第一孔箱梁。4 天后，架桥机完成 7 孔箱梁的架设，我又开始奔赴下一个隧道的施工。

　　可以说，我让中国高铁的建设不断提速。

这么小的身材，力气这么大还能这么灵活，到底是怎么做到的呢？

秘密就在江苏镇江的工厂里。

我身上长达数十米的承重部件导梁，是由690兆帕高强度钢制成的，此前这种钢材只用于尺寸较小的机械。用高强钢制造大型导梁，难度在于焊接。因为要确保焊接温度绝对均匀，长达70多米的焊缝的温差必须控制在5℃之内。工程师们用小火慢炖的方法，温和地来处理这个焊接过程。

正是这种突破，让我的身材和重量缩减了三分之一，仍然能够吊起七八百吨的箱梁。

我很优秀，但我的兄弟们也不差，它们正在世界各地承担着重要的铺设任务。

我的一位兄弟，是世界上最长最大的多功能节段拼装架桥机，长200米，它曾在港珠澳大桥延伸线上，屯门至赤腊角连接高架桥的工地上，架设曲线半径达198米的公路桥梁。

还有在河南南阳卧龙梁场的我的大哥，也是架桥机中的大力士，可以起吊重900吨的箱梁。

2019年，我们家族里当时最大吨位的大哥，在科威特海湾大桥施工现场，提着重1800吨的箱梁前往架设。对了，与它配套的还有轮胎式运梁车、码头吊等，整个架桥装备体系，都是中国制造的哟。

小重敲黑板知识点

我们国家的高铁建设跟我们的设备研发是分不开的。如果没有这么多设备保障的话，高铁建设就无从谈起。现在，中国的工程师们可以针对任何地形、任何工况，定制专门的架桥装备。

　　土地资源有限，如何以更加绿色环保、安全高效的方式向天空拓展空间，中国全新的建设理念，正在先进装备的支撑下得以实现。超高层建筑领域，中国高度、中国效率、绿色节能的建筑方式，以绝对优势领跑。下面要出场的这位金刚，可是将中国乃至世界超高层建筑结构施工技术水平推向一个新的高度的功臣。

像拼积木一样造楼——空中造楼机

　　大家有没有发现，咱们国家的高楼大厦越来越多了，尤其在一线大城市，到处是耸入云端的摩天大楼，动辄100多层。埃及金字塔，建了30年左右才建成，而中国用30多年时间所建设的摩天大楼，超过了美国100多年建设的摩天大楼的总和。

　　中国造楼从无到有，从平行到超越，我，中国首创的"空中造楼机"，可是功不可没的。106层的武汉绿地中心就有我的功劳。

空中造楼机

顶升遇险
就近落位

　　如果你们从远处看我，就会发现我犹如一个"巨人"攀附在超高大楼的顶端。从我的名字中大家也能猜得出来，我的工作是什么。简单地说，我就是在高楼的建设过程中架在高楼顶部，层层施工、步步堆积上移，使大楼逐渐建成在我脚下的一种智能化先进移动施工平台。建设摩天大楼对我来说，就像堆积木一样简单。

　　就拿我曾经建设的武汉绿地中心这座摩天大楼来说吧，原设计高度是636米，实际建成后是475米。对于建筑行业来说，300米超高层建筑是一道门槛，而500米则是一个更难的关口。因为建设这样一栋楼的物料和装备，总共有五六十万吨，是300米建筑的2倍，施工风险更是比300米高楼大了4倍，这对于施工平台的稳定性和承重力都提出了更高的要求。500米高空的风力达到了7级，风力作用下，大楼的横向摇摆幅度可以达到1米，所以建设超高大楼的难度非常高。但是有了我，这一切困难都可以迎刃而解。

　　我的体重有2000吨，我最骄傲的是我有一个超级大的肚子，里面东西一应俱全，有钢筋、混凝土以及塔吊等一系列装备、物料，就连可移动厕所都有，我的肚子就像是一个资源集中的"大工厂"，工人们在我的肚子里施工，安全系数和效率都非常高。如果加上我肚子里的物料，我的总重接近 4000 吨，相当于 3000 辆小汽车。别看我这么重，我爬楼可一点儿也不慢，5 小时内我就能爬 4.5 米。

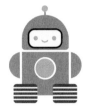

等等，吹牛吧？4000 吨的大巨人自己爬楼？简直不可思议！肯定是用什么机器把它抬上去的。

当然不是了，有什么机器能举起 4000 吨的巨人？当然是给它安装"脚"，让它自力更生往上爬呀。

承力件

　　工人们给我安装承力件。承力件就是我的手脚。你可别小看这一小块承力件，它们可非常有力，一块就可以承受约 400 吨承载力呢。大楼混凝土表面有许多 3 厘米厚的一层凸起，工程师们给它取了个名字，叫微凸支点。如果大楼是攀岩墙，这些微凸支点就是攀岩墙上的岩点。我利用大楼外侧的液压油缸提供的动力，用力抓住这些支点，驮着负重，像猴子爬树，一层层向上攀爬。承受 4000 吨的荷载，抵抗 14 级大风，我也能稳稳当当地向上爬。

和我的前辈们比起来，我的顶升效率更高。上一代造楼机平台上塔吊等重型设备，需要设置专用的洞口，平台顶升后，再对塔吊进行顶升，完成全部重型设备的顶升通常需要两天。而现在，我更快了，整体顶升可以将工期至少缩短20%。

对了，我之所以取得这么优异的成绩，少不了动力的加持。刚才我说过，我利用大楼外侧的液压油缸提供动力，这个顶升力达到400吨的巨型装备，是我所有抬升动力的来源。

工程师们在我的身上第一次使用长行程的液压油缸，6米行程可以让平台一次顶升到位，提高作业效率。12个大型液压油缸运行必须完全同步，高度差要控制在2毫米以内，否则，可能导致平台倾斜。"失之毫厘，谬以千里"，出现一点点失误，都会令我倾斜，造成不可估量的后果。所以每次我开始"攀岩"，工程师们都需要小心再小心地控制液压油缸，避免出现任何失误。

我能这么不断"向上"，背后的工程师们功不可没。

组合出征：其他工程装备军团

修路、架桥、民生的需要，对工程机械提出了很高的要求，所以促进了中国工程机械的发展。下面介绍的这些，也是我们国家自主研发的非常优秀的工程设备。

1. 升船机

打通交通阻隔的超级机器，不止架桥机。在三峡大坝上，另一种重型装备也曾打开长江水路上的新通道。

这是世界上最大的升船机，正在提升 3000 吨级的轮船整船（下图）。

总重达 1.55 万吨的承船箱，可以沿着齿条垂直爬升 113 米，提升高度、重量均为世界之最。

船舶翻坝时间由过去的 3.5 小时缩短到 40 分钟，每年可以为三峡大坝增加 600 万吨的过坝能力，让长江水道真正成为黄金水道。

升船机

辊压机

2. 辊压机

　　中国的基础设施建设，每年需要消耗的水泥，超过全球用量的一半。支撑起这个国家高效运行的超级装备，还有万吨水泥超级工厂。而它的核心装备，就是能把岩石碾压成粉末的辊压机。辊压机身上这些小柱钉，就是能嚼碎岩石的"牙齿"，任何岩石都能够被它轻松嚼碎。这"牙齿"可是中国工程师自主研发的深度交错排列方式，将辊面使用寿命提高了 10 倍。

3. 小型机械军团

中国新的基础设施建设，还在向地下延伸。它同样需要高效、先进的工程装备体系来支撑。

古城西安，建设了350千米的中国最长的地下管廊。

城市施工不同于野外作业，要尽可能减少对市民生活的影响，需要更加小巧、灵活、高效、智能的工程设备。

切割机、破碎锤、挖掘机、运输车，2000多台小型机械相互配合。

钢筋折弯机每天可以处理7万根钢筋。

激光测距仪负责确保承重支架的安装绝对水平。10.2万根承重支架上将安置4700多吨电缆，这是地下管廊建设的关键。

智能机器人24小时不间断巡查，它们是管廊运行的安全卫士。

水、电、通信、燃气等8种管线全部集中到地下管廊中，手持终端、远程监控、智能安防等数十种智能技术在这里应用。这里是全球智能化程度最高的地下管廊，地面的"拉链路""蜘蛛网"将彻底消除。

地下管廊

小重敲黑板知识点

　　咱们国家的超能金刚战队，是不是很酷？这支战队，为中国带来万亿元的工程机械大市场。

　　中国已经进入全球工程机械第一方阵。我们的目标是到2030年，成为具有全球先进高端影响力的工程机械强国。蓝图已经绘就，来自中国的工程机械装备集群，必将成为让世界更加美好的中国力量。让我们一起拭目以待！

造血通脉

中国是世界上最大的能源生产国和消费国。在这个关系国家繁荣发展、人民生活改善、社会长治久安的战略领域，中国的态度是明确的——着力推动能源生产利用方式变革，建设一个清洁低碳、安全高效的现代能源体系。这背后，一个个超级装备正成为造血通脉的利器。在全球最高等级特高压工程的起点，揭开核心重器换流变压器的制造诀窍；在全球最大的单体煤液化基地，见证高等级空分装置的中外比拼；在中国最大的页岩气开采现场，探索压裂车小身材大力气的秘密。从全球最薄的新能源电池，到全球独一无二的核电双胞胎工程，中国的新能源技术已经全面发力。

发电啦

新疆准东煤田，东西长达 220 千米的茫茫戈壁下蕴藏着 3900 亿吨煤炭资源，900 亿吨的储量，按我国煤炭年使用量计算，一个准东煤田就足够中国开采使用 100 年。新疆准东煤田也是全球最大的整装煤矿。

小重敲黑板知识点

整装煤矿的意思是整座煤矿都是煤。一般的煤矿只有一层煤，称之为煤层。假设煤矿是一本书，一般的煤矿只有几页是煤，而整装煤矿就是整本书都是煤。

电能是人类离不开的能源，大家都知道火力发电是发电主流，而火力依赖的是煤炭资源，新疆准东煤田上千亿吨的煤炭资源当然要好好利用起来了。国家在这里建造了超级基建工程，可以满足5000万家庭的用电，这一超级工程就是全球第一条电压等级最高、路线最长的 ±1100千伏特高压线路。这条线路从新疆出发，沿途跨越甘肃、山西等多个省份抵达安徽古泉，是人类电力工程史上的巅峰之作。

特高压工程的"心脏"是换流变压器，这是换流、变压、传送电力的核心装备。±800千伏以上的高端换流变压器，只有中国、德国、瑞典少数国家能够制造。

小重敲黑板知识点

电压的等级分为低压、中压、高压、超高压和特高压 5 大类，一般家里的插座都是 220 伏电压，属于低压；10 千伏或者 35 千伏是配电网电压，比如小区中看到的架空线的电压，属于中压；100 千伏以上一般属于高压，如高压电塔，配电所等；超高压一般是绝大部分国家使用的最高电压等级，一般国家的输电网采用的是 330 千伏、500 千伏或者 750 千伏超高压；超过 1000 千伏的电压就是特高压了。电压越高，传输的效率就越高，传输的损耗就越少。

　　说起来你一定不敢相信，在这个科技如此发达的时代，这么一个核心装备生产中技术含量最高的一道工序，居然还只能靠人工制作，全世界没有任何一台机器能替代。这道工序就是绕制线圈。

　　高3米的线圈有291匝，每匝有39根导线，每根导线都要通过撖弯进行内外层换位，以确保传输稳定。撖弯，就是指只能凭借手工，撖成近乎直角的弯。

　　高等级换流变压器的线圈导线，宽度只有5.88毫米，精细操作全凭手感和经验。绕制一个线圈，需要30天。但这还不是最难的环节，将器身和外壳组装起来，是总装最耗时、难度最高的一步。

等等，我没看错吧？器身，是换流变压器上体积最大的部件。它的外壳，居然是纸质的？

好眼力。没错，外壳就是用一种纸质绝缘材料制成的，十分脆弱。吊装过程中丝毫的刮擦，都会导致产品绝缘性能下降，甚至报废。

±1100千伏的器身，价值超过千万元，因此在装配的时候，要求每一个装配动作必须精准熟练，整个过程就像飞机的空中加油，器身不允许有丝毫磕碰。

看似简单的装配工作，需要工程师们花费好几年，做上百次演练，经过无数次的测算和分析。现在，中国的工程师们已经找到了诀窍，30分钟就能完成对接，而且动作干净利落，对接位置丝毫不差。这是任何图纸上都不会标注的制造诀窍。

为了±1100千伏换流变压器的总装，工程师们还专门建造了2000平方米巨型实验室，实验室里还有专门为±1100千伏换流变压器设计的均压环，这是平衡电压的必备测试装备。

这样的设备在"特变电工"的实验室里多达80套，可以完成从±132千伏到±1400千伏的32项检测，全部由中国自主研发。

超级试验台架是制造超级装备的国家底气。中国的特高压交流输电标准，已经被确定为国际标准。这是中国过去20多年，为解决东西部资源不平衡练就的内功。

中国是全球最大的电缆生产国，

以前我们国家在关键技术存在短板，很多零件都依靠进口，生产技术和设备都被国际巨头严密封锁，现在，咱们自己也有能力自主生产了。

不受制于人的感觉真的太爽了。

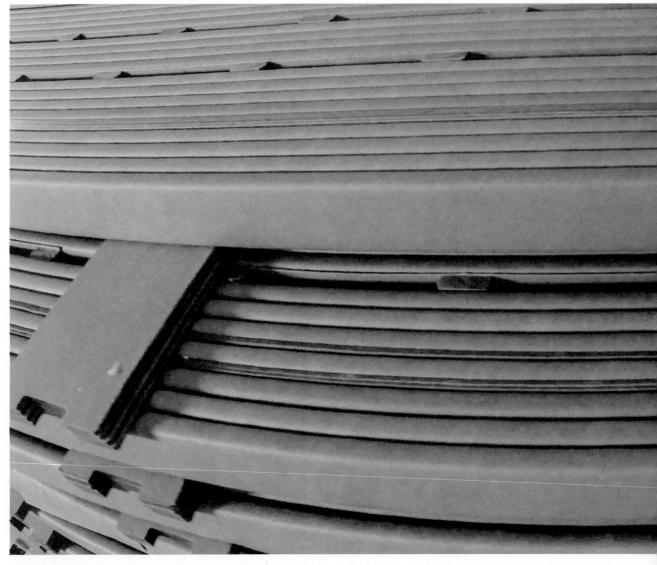

年产值超过 1 万亿元。然而，因为无法制造应力锥，多年来电缆连接器只能依靠进口。

应力锥是电缆连接器的关键部件，起均匀电场的作用，维系着超高压工程的安全。这是我们最后的关键技术短板，现在，也取得了突破。

应力锥的制造难点，就在半导体材料与绝缘橡胶的复合工艺，考验着一个国家在高压绝缘材料、高分子材料、工程设计等高端制造领域的综合实力。

将半导体材料装到芯棒上，通过真空管道将绝缘液体胶注入黑色半导体的外部，然后就是长达 5 小时的合模，注胶的速度、温度以及腔体内部的压力，必须找到一个平衡点，才能确保两种完全不同的材料既不相互渗透又能紧密贴合为一体。

手工绕制线圈

经过数百次摸索，中国工程师们已经找到了工艺参数，填补了中国超高压电缆连接件关键部件自主生产的最后一个空白。

现在，中国可以生产所有电压等级的电缆附件，将国际市场价格拉低了65%。

尽管已经取得了傲人的成绩，但是中国工程师们并没有停下脚步，他们还在寻求电力传输方式的新突破。

中国投入运行的特高压输电大通道已经有很多条，已建工程线路形成了西电东送、北电南供的能源输送格局。

中国的特高压技术、装备、标准，正在领跑全球。

变身吧，煤君

用煤发电有很多好处，如投资少，便于控制，煤炭资源丰富。可是煤炭发电的坏处也是触目惊心的，比如煤炭燃烧后碳排放量大，造成空气污染，温室效应造成了全球气温上升，同时产生大量的废渣。

直接燃烧煤炭，对环境确实会产生不可挽回的破坏，但是如果将煤变成油，那么再利用时，煤就变成了高效清洁化的能源。一场能源结构的变革，需要在超级装备的助力下实现。

实现"煤变油"的前端工艺核心装备，就是10万等级空分装置，这些空分装置每小时能从50立方米的空气中分离出10万立方米氧气。没有这种能从空气中分离出氧和氮，为化工项目提供燃料的大功率空分设备，煤炭的高效清洁化利用就无法实现。

煤炭直接液化技术是由德国人于1913年发现的，并于"二战"期间在德国实现了工业化生产。高纯度、高等级制氧核心技术，2013年前一直掌握在外国人手里。

小重敲黑板知识点

　　煤炭液化是把固态的煤炭通过化学加工转化为液体产品（液态烃类燃料，如汽油、柴油等产品或化工原料）的技术。煤炭通过液化可将硫等有害元素以及灰分脱除，得到洁净的二次能源，对优化终端能源结构、解决石油短缺、减少环境污染具有重要的战略意义。

我们国家要实现"煤变油"只能依赖他国，这终究不是长久发展之道。实现10万等级空分装置的国产化，是中国的工程师们60多年的梦想。

国产10万等级空分装置第一次试用，就和来自德国巨头林德的进口10万等级空分装置比拼。进口10万等级空分装置很快顺利出氧，而国产的空分装置也不甘落后。这是一场紧张而刺激的比拼，控制大厅里，30多名工作人员密切监测着数据的变化。

所有人都把目光对准了120米长的大屏幕，上面是70多台关键设备的实时数据。

国产的10万等级空分装置出氧数据最终定格在99.87%，而行业标准是99.6%，我们整整高出了0.27%。成功了！

有了国产的空分装置，就能生产成品油，可以有效调节中国富煤缺油的能源供给状况。

中国的工程师团队真了不起！

这可是中国工程师们整整研发了10年的成果。从千万吨炼油、百万吨乙烯，到大型煤制油、高等级空分装置，这些以前还全要依靠进口的技术装备，如今，中国已经能够生产并且拥有了国际竞争力。

中国的工程师们并没有因为取得这样的好成绩而骄傲，因为10万等级空分装置的制造不是他们的终极目标，他们的下一个目标是性能更优、能耗更低、规模更大的空分装置。

在浙江杭州的试验基地里，工程师们正在攻关如何把15万等级空分填料的直径从6米缩小到5.8米。

空分填料的直径越小，出氧越多，但难度也越大，这是国际空分领域竞争的技术高地。

铝箔间距的任何改变，都需要对整套装置蜂巢孔洞的间隙、角度、波纹走向等参数进行重新调整。每一次重新设计好的填料，都需要在流体力学实验室进行实测。

工程师们还需要做几百甚至上千次的试验，但是他们有信心做出世界上最好最先进的空分装备。他们的底气是试验基地里的试验设施，这都是中国工程师们研发的利器。

作为全球最大最完备的空分装置试验基地，这里拥有8个关键试验平台，全都是中国自主设计制造的。

这里有全球最先进的低温液氧液氮泵测试平台，能够模拟零下196℃的工作状态，不间断地进行72小时测试。

这里有全球最大的空分塔内件流体试验台位，直径6米以内的15万和更高等级空分装置的测试需求，它全都可以满足。

实验室旁边就是厂房。优化数据后全新制造的10万等级空分装置，立刻可以进行总装。产研一体，让这里的产品迭代速度可以超越全球其他竞争对手。

天然气，出土了

　　天然气是指天然蕴藏于地层中的烃类和非烃类气体的混合物，是优质燃料和化工原料。

　　和煤炭、石油相比，天然气是一种洁净环保的优质能源，几乎不含硫、粉尘和其他有害物质，燃烧时产生的二氧化碳少于其他化石燃料，造成的温室效应较低，因而能从根本上改善环境质量。采用天然气作为能源，可减少煤和石油的用量，因而大大改善环境污染问题。

　　既然使用天然气的好处这么多，为什么咱们国家不大量使用天然气而依旧钟情于煤炭和石油呢？这都是咱们国家的能源结构惹的祸。中国地大物博，资源非常丰富，可是却是典型的富煤、贫油、少气的国家。中国的能源消费结构中，煤炭占比为 63%，石油占比为 18%，天然气占比仅为 6.5%。依赖煤炭，是没有办法的事情，谁让咱们的煤炭资源过于丰富呢？

小重敲黑板知识点

　　虽然说中国的天然气和煤炭比起来少得可怜，但是我们依旧是一个天然气资源大国。960万平方千米的土地和300多万平方千米的管辖海域下，蕴藏着十分丰富的天然气资源。这些天然气资源占世界可采总量的5.05%，位列世界第五。

　　可是我国的天然气主要分布在中西部地区，地表条件多为沙漠、黄土塬、山地，地理环境恶劣，比如鄂尔多斯盆地、四川盆地、塔里木盆地，这三个盆地生产的天然气占全国天然气的80%。

想要在四川盆地的大山深处挖出天然气，需要特殊的页岩气压裂车队。

页岩气，通俗地说就是页岩层中产生的天然气，它和我们平时燃气灶里燃烧的气体是一样的，都是甲烷。页岩气是全球都在极力开发的清洁能源。中国页岩气已探明储量高达7643亿立方米，位居全球第一。

相比美国平原地带的页岩气开采地貌，中国页岩气矿藏大多集中在沟壑众多的西南山区。重型机械沿着山路开到山区里，就已经够困难了，更何况地理条件重重限制，就

"阿波罗一号"压裂车

算到了现场，也只能修整出足球场大的作业空间，大型装备根本没有施展的空间，这就像让一台挖掘机在一个两三平方米的教室讲台上工作一样不现实。

谁能帮助中国工程师挑战高难度开采呢？当然就是今天的主角压裂车"阿波罗一号"啦。

"阿波罗一号"是全球体积最小的压裂车，也是全球第一台单机功率最大的压裂车。

你可别小看这个小身材的家伙，它的零件可都是"顶级货"：工程师给它搭载了用于直升机的5600马力的涡轮发动机、

小重敲黑板知识点

压裂车，是用于向井内注入高压、大排量压裂液，将地层压开并把支撑剂挤入裂缝的专用车辆，主要用于油、气、水井的各种压裂作业。

用于游艇的高速减速箱、全球油田开采水马力最大的柱塞泵，每一个都代表着所在领域的最高水平。

能力越大，责任越大，"阿波罗一号"可是普通压力车的"大哥"，他需要带动小弟们协同工作。

四川盆地里的页岩气矿藏平均井深4600米，压裂车通过高压管道，以每分钟16立方米的流量将携砂液打入地壳深处，压裂页岩层，把携砂液压进裂缝。大量的页岩气会从裂缝中释放，并通过特定的通道采集出来。

高压管道

压裂车工作时，哪怕一微米的缝隙，都可能导致液体刺漏、管道崩裂。虽然井口的压强达到了 69.9 兆帕，但是"阿波罗一号"表现得非常完美，成功出气，整个井场页岩气日产量突破了 100 万立方米。

圆满完成任务，功臣"阿波罗一号"却要面临一场"劫难"——它将被"大卸八块"。

69.9 兆帕是什么概念呢？

意味着每平方厘米要承受差不多 700 千克的重量。想象一下，你的一根手指头上站着两头大肥猪。

工程师们将"阿波罗一号"的 2000 多个零部件一一拆解。

这并不是工程师们过河拆桥，而是获取原始数据、提升性能绕不过去的一步。工程师们一定要了解"阿波罗一号"身体里的涡轮发动机、柱塞泵和超高速减速箱这三大关键部件经过 300 小时作业后的状况，以便更好地改进。

行星齿轮每个齿的长度为 20 厘米、倾斜角度为 24 度，上下两部分组合成一个人字形齿轮，这是目前承载能力最强的结构。

行星齿轮

天啊，"阿波罗一号"的齿轮为什么是这样交错的？我从来没见过这样的齿轮。

这是行星齿轮，以前用于航空发动机。它的优点是结构紧凑、动力强大，用于压裂车在全球尚属首次。

位于中心的太阳轮，带动外围的三个行星轮转动。行星轮与太阳轮咬合紧密才能受力均衡，瞬间降低转速，并提高扭矩，提供动力。

从"阿波罗一号"上拆解下来的柱塞泵，也被放入检测台重新启动。工程师要以一种独特的方式，检测它在高压工作 300 小时之后的耐疲劳程度——借助扳手听声音。扳手就像是医生的听诊器，医生用听诊器能听到病人体内是否有异样，而工程师借助扳手，仔细倾听辨别柱塞泵里各个部件的运行情况，能判断出各部件运行是否正常。机械运作的振动会通过金属扳手传递出来，形成有规律的声波，如齿轮的咬合声、十字头来回的冲击声、连杆小头与轴瓦的摩擦声，还有润滑油高速流淌的声音等。如果运行不畅，就会发出难听的吱吱声，或者当当的撞击声。这项绝技可不是一朝一夕能练成的，工程师们用了 10 年才练成。

得到更加完善的数据后，"阿波罗一号"的升级版"阿波罗二号"开始总装。中国的技术得到了市场的认可，订单纷至沓来，中国装备进入新能源领域的高端市场。

柱塞泵

了不起的电池

大家有没有发现现在路上跑的新能源汽车越来越多了？电动车也越来越多了？因为相比传统的汽车、摩托车，新能源汽车出行成本低，而且绿色低碳环保，维护和保养的成本也很低，受到越来越多人的推崇。

不管是新能源汽车还是电动车，它们的动力来源都是一样的——电池。

电池决定着它们的续航里程和安全性能。下面，跟着小重一起去动力电池生产基地看看吧。

1. 突破 6 微米，动力更强劲

同样体积和重量的电池，动力却不一样，有的电池输出动力更加强大，能驱动车辆行驶更远的距离，而其中的奥秘就隐藏在电池电芯的铜箔上。在铜箔上涂上活性材料镍钴锰，铜箔越轻薄，活性材料镍钴锰的能量密度越大，电池的质量越轻，相应地所受到的电阻也就越小，

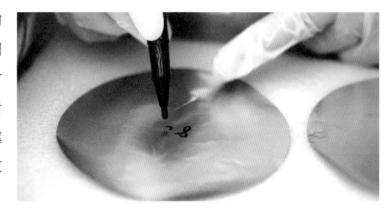

那么电池容量就会更大，动力也就更强劲了。

每辆汽车的电池包，由 150 至 300 个这样的电芯组成。如果这么多的电芯铜箔都能变成 6 微米，那么汽车的续航里程将大大增加。

世界各大电池厂家都想把铜箔做得越薄越好，可是，铜箔越薄，对其进行生产加工的难度也越大。在加工过程中只要铜箔出现任何的褶皱和断裂，那么一整批电芯都有可能因此而报废，要知道，这些铜箔可不便宜呢。所以目前世界上主流的铜箔厚度为 8 微米，国际三大电池制造商——松下、LG、三星都在 8 微米铜箔上徘徊不前。

别人做不到，不代表中国人做不到。早在 2018 年，中国就在这一领域取得了突破——将它的厚度成功降低到了 6 微米。人的头发直径有 60 微米，也就是说，这个铜箔的厚

度只有头发直径的十分之一。这样做，可以在电芯体积不变的情况下，将活性材料镍钴锰的能量密度提升 5%，从而续航里程加大。

制作 6 微米的铜箔，中国没有可以参考的对象，一切只能依靠自己。

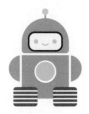

看来 6 微米也不是很难嘛，小菜一碟。咱们的工程师这不就造出来了？

制作出 6 微米的铜箔只是第一步呀。你忘了，还得在这么薄的铜箔两面都涂抹上活性材料呢。在一张薄薄的纸上两面涂上颜料，你能做到纸像新的一样平整吗？

涂布

将铜箔做成 6 微米之后，新的难题就来了，如何成功涂布？涂布，顾名思义，就是把黑色的活性材料均匀涂抹在铜箔上。这个步骤中，任何褶皱、翻折都会导致整卷铜箔报废。几千米长的、头发丝十分之一厚的铜箔，不能有一丁点褶皱和翻折，这难度可想而知。

为了解决涂布的难题，中国的工程师们用 3 年的时间专门研制了一台 60 米长的涂布机，将一卷 4000 米长的铜箔放在涂布机上，以每分钟 80 米的速度运行，成功地将黑色的活性材料均匀涂抹在铜箔上。

涂布的问题解决了就意味着成功了吗？不不不，难度更高的绝缘膜卷绕接踵而至，这是确保电池安全性的关键一步。

中国的工程师们又制造出一台 6 微米铜箔高速卷绕机。高速卷绕中，白色的绝缘膜上下两面要与铜箔制成的正负极片同时完成贴合。

好了，接下来的工作就相对简单了，压制成型、安装顶盖、装配模组、加装外壳。

终于成功了，太不容易了。赶紧将这些动力电池装到汽车上，让它们大显身手吧。

等等，还没有结束，它们还得经过"体检"，合格才能上岗。

全球第一批 6 微米铜箔动力电池正式下线。

作为全球第一批 6 微米铜箔动力电池，当然要经过严苛的检测。

中国有领先于全球的检测装备，这些刚"出生"的电池们要经过很多"酷刑"：500℃高温火烧、浸水、喷淋、高空坠落。这些检测都是按照国际最高标准评定的。甚至国际上认为太过严苛，不做硬性规定的，8 毫米钢针刺穿 3 个电芯的人为短路模拟测试，咱们的 6 微米铜箔动力电池也承受住了。

全部通过测试。恭喜 6 微米铜箔动力电池正式上市。

6 微米铜箔动力电池在世界范围内引起了轰动，订单纷至沓来。全球排名前十位的动力电池生产商中，中国企业已占六席。

2. 共享汽车充电记

共享单车为我们的日常出行提供了很多方便，可是在一些城市，比如山城重庆，陡峭的地形靠自行车出行极为不便，因此共享汽车开始逐渐风靡起来，只用了短短两年，用户就突破百万大关。

重庆有上万辆共享汽车，方便了百万居民。可是新的难题也跟着出现了——共享汽车没电了怎么办呢？想让租借的人自己去找充电桩充电？这极为不现实。

工程师们想出了一种特殊的换电模式，那就是将3个芯片安装到6平方厘米的电路板上，这3块芯片确保了电池在任何时间、地点和环境下，都能将剩余电量、电压、电芯的温度等参数，实时传回电池监测云平台。

接下来，工程师们又独创了移动换电车。在电池监测平台的统一调度下，它们会第一时间根据导航找到需要换电的车辆，然后"送电上门"。

在全市各处的共享汽车，更换电池只需要10分钟。让电力汽车换电的世界性难题有了突破的可能。

被更换下来的上万块耗尽电量的电池，会在夜里回到它们的"集体宿舍"——能源站。智能仓储机器人将它们分别送入充电间充电，第二天，数万辆共享汽车又能元气满满地奔驰在道路上啦。

小重敲黑板知识点

　　大家知道电池为什么要在深夜里充电，不在白天充电吗？用电的时间分为用电波峰和用电波谷。用电波峰指的是用电的高峰期，也就是早上 7:00 到晚上 11:00 这段时间。用电波峰的价格要比用电波谷的价格高。

　　用电波谷指的是用电低峰，时间是晚上 11:00 到第二天早上 7:00。由于这段时间大多数厂矿和居民用电都大幅减少，所以电量充沛、电压高，电价也能相对便宜。电池利用夜间的用电波谷来充电，也节约了一笔财富呢。

与世界分享

中华民族是最有奉献精神和分享精神的民族。我们已经拥有了最先进的能源技术和应用理念，从来不吝与世界分享。

1."华龙一号"出国啦

卡拉奇，巴基斯坦第一大城市，在市中心25千米外，中国自主第三代核电技术"华龙一号"海外首堆已完成。

这个巴基斯坦最大的核电站，每年发电量超过180亿度，支撑起巴基斯坦三分之一的电力缺口。

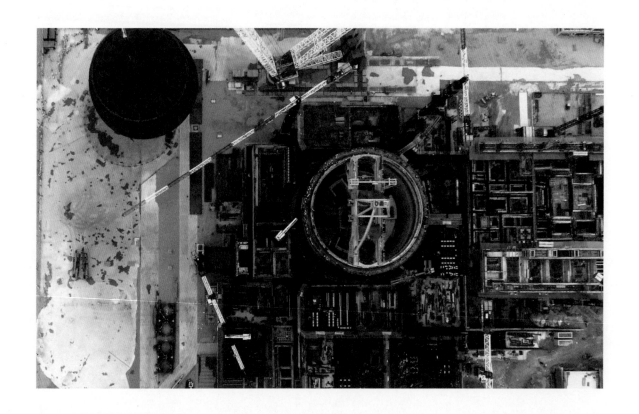

核岛穹顶

可是当时在建造时，这里独特的泥岩地貌，是全中国的工程师们头疼的难题。泥岩地貌意味着这儿的土质非常松软。泥岩的特质就是怕水，一旦水浸入以后，它就会膨胀，膨胀以后，强度会大大降低。本来就松软的土质，一遇到水，就变成软烂的泥坑了。

可是建造核电站，必须用硬岩石的基石。

中国的团队，带领着当地的工人们，3年里总共运走了160万方泥土，挖出大概深15米的地基。没有硬岩石，中国的工程师们便用钢筋混凝土打造出一座巨大的十字筏基。

这座十字筏基的钢筋用量达1100吨，而整个核岛的钢筋用量更是高达9.5万吨，比咱们国内核电建设最高标准用量多出10%。这些钢筋足够建起95栋30层高的楼房。

除了钢筋，中国的工程师们最新研制的抗渗混凝土配方能确保这个地基抵抗10级以上的大地震。在中国工程师的努力下，它成功对抗住了泥岩。

建好了基座，另一个难题又来了——核岛穹顶的预制吊装。

为了将这个全球体积最大、最重，也最薄的核岛穹顶成功吊装起来，当时在巴基斯坦的中国工人们耐心等待着国内的"双胞胎"传来好消息。

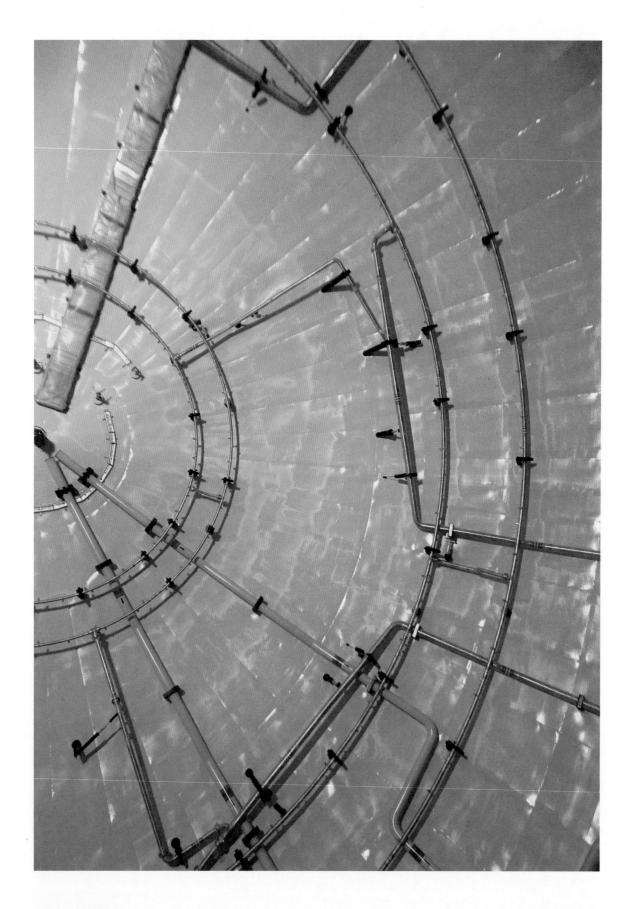

2. "华龙一号" 双胞胎哥哥

是的，你没看错，卡拉奇的"华龙一号"有一个"双胞胎哥哥"在中国的福清，"双胞胎"工程的意义就在于共享技术，与全球伙伴在核电高端领域齐头并进。

当时，"华龙一号"哥哥的穹顶即将开始吊装。如果在国内的双胞胎哥哥吊装成功，只要把数据传到卡拉奇，"弟弟"就能不走弯路，轻松地成功吊装。

核岛穹顶是核电站最关键的部件之一，直径46.8米，厚度仅为6毫米，整体就像是一个巨大的碗。现在要在这个"碗"上连上16根钢丝绳，然后将其吊起，精准地放入核岛顶部的导向槽。导向槽最窄处只有10毫米宽，任何风速、风向的变化，都很容易导致16根钢丝绳受力不均，造成穹顶变形，无法精准落入导向槽。

在此之前，全球没有任何经验可循。钢丝长度、吊装方式，都是中国的工程师们历时4个月反复试验和演算出来的。

穹顶表面

5月，海边的风速变幻莫测，经常可以从每秒2米瞬间达到每秒13米，这对中国的工程师们来说是个严峻的考验。

加上钢索等各类起吊组件，核岛穹顶起吊总重高达524.6吨。

总工程师需要和现场4位吊装指挥、吊车司机，以及45名吊装工人、200名安装工人默契配合。

穹顶离开地面，吊车司机必须分秒不差地给16根钢丝绳逐渐加力，并将穹顶下口晃动范围控制在200毫米以内。只有这样，才能确保穹顶不变形。

穹顶稳稳地被吊起，到达6米高时，确认平稳之后，进入最关键的长行程吊装。吊车司机要在一个小时内将穹顶提拉63米，必须确保稳、准、匀。

吊车移动，臂架运动的速度、方向、工作半径等参数，都是根据当天的风速测算出来的。

吊车司机边忙活还得边计算参数是多少吗？那他的数学成绩一定很棒！

天才也不可能当时心算出来呀。成功的背后都是无数人的努力，是集体的力量。为了这一刻，制造穹顶的上千名工人准备了两年。100多名工程师，对穹顶拉升每一厘米所要承受的拉力、阻力和外部环境变量，都反复进行过精确计算。

吊装穹顶

　　200多名安装工人等在43米高的核岛顶部。他们的用力必须均衡，否则16根钢丝绳的横向扭力依然会造成穹顶变形，导致整个工程功亏一篑。

　　一部分人抓住揽风绳，防止穹顶左右晃动；一部分人则用手扶着穹顶，边旋转边往下落到合适的位置。

　　像钓鱼一样，丝毫的晃动都有可能导致鱼钩无法对准鱼群。在近50米的高空，穹顶在风的作用下，任何不可控的晃动，都可能导致穹顶无法精准对位。

　　所有的经验来源于三代核电人的积累。中国是世界上唯一一个30多年来从未间断过核电建设的国家。

　　穹顶，准确落入卡槽！

　　"华龙一号"哥哥吊装成功了。

真是太了不起了！"哥哥"成功了，是不是意味着远在海外的"弟弟"离成功也不远了？

那还用说吗？"哥哥"的吊装数据，很快传回卡拉奇。这些来自一线的宝贵数据将直接指导巴基斯坦的"华龙一号"弟弟的建设工作，吊装成功当然不在话下！

小重敲黑板知识点

  "华龙一号"技术已经出口到英国、阿根廷等国家，还有一些国家提出了合作意向。

  中国正在全方位加强国际能源合作中，眺望更远的未来。

绿色能源军团

作为水电、风电、核电和新能源利用第一大国，建立绿色低碳循环发展的经济体系，给自然以宁静、和谐、美丽，是中国正在努力实现的能源发展目标。

名称：**格尔木光伏电站**
地点：**青海**
特点：**对节能减排和环境保护具有重要意义**
本领：**每天产生的电能能够满足一个中等城市一年的用电需求**

名称：达坂城风力发电场

地点：新疆

特点：中国持续开发最久的风能基地

本领：年风能蕴藏量为 250 亿千瓦

名称：桂山海上风电发电场

地点：广东

特点：国际首个海上风电与海岛新能源智能电网应用整合研究项目

本领：每年发电近 5 亿度

名称：雅砻江两河口水电站

地点：四川

特点：中国海拔最高的百万千瓦级水电站

本领：年发电量约110亿度，通过科学调度、补偿调节，可以有效缓解四川电网"丰余枯缺"矛盾

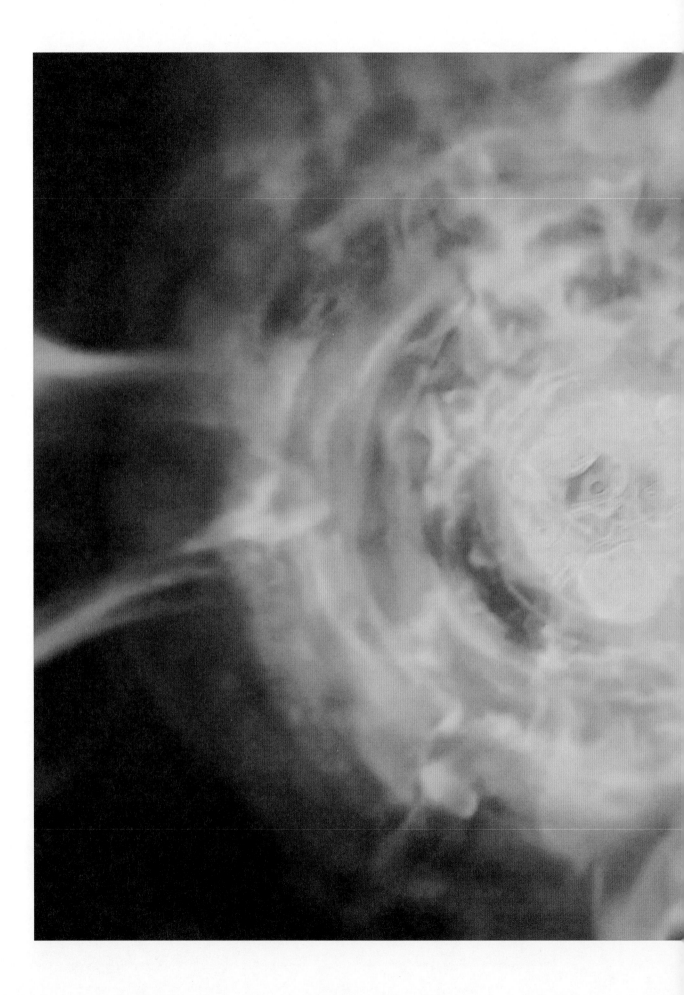

重装
夺巧工

十几年前，我国还必须从国外购买200吨以上的超大型挖掘机。如今，从200吨到700吨的超大型挖掘机，中国都能够制造。让我们聚焦重型装备领域，展现重型装备的灵巧技能，共同领略其巧夺天工的壮阔景象。

老工业基地的创新

以国家利益为最高目标，攻克世界尖端技术，实施重大科技项目和工程，是中国独有的制度优势。

这种制度优势一直在东北的黑土地上加速动力切换。

2017年，哈尔滨电机厂迎来了它66年历史上最特殊的一天——铸造车间310名工人全都到岗，他们要和这座60多年的老车间留下最后一张合影。

这张合影，是向一个时代告别。

作为"共和国长子"，哈尔滨电机厂也曾经创下辉煌，它曾为新中国第一台800千瓦水轮发电机组，第一台2.5万千瓦火电机组铸造过水轮机叶片、导叶等关键部件。

将线棒放入不到 5 厘米的凹槽内

可是，在科技迅猛发展的今天，哈尔滨电机厂面临落后产能等一系列问题，为了重现60多年前装备中国工业的辉煌，在国家新一轮振兴东北老工业基地的战略引领下，哈尔滨电机厂将淘汰产能过剩的铸造业务，腾笼换鸟，为企业迎来新的动能。

卸下包袱，才能轻装前行，不久这里将成为新型发电设备制造车间，生产全球最先进的发电装备。

转型升级，已经悄然展开了。

1. 生产特高压电网调相机的独门绝技

全球第一台特高压电网调相机，正在全新的哈尔滨电机厂制造。

工人们正在将线棒安装到调相机定子中。

调相机，一种特殊的发电机，是提高电网输电质量、保证电网安全的卫士，也是哈尔滨电机厂转型升级后的独门绝技。

定子，是调相机的心脏。

一个定子要安装144根线棒，将10米长的线棒放入不到5厘米的凹槽内，需要12名工人协同配合。

工人们必须确认线棒的每一个部位都紧紧卡在凹槽底部。

小重敲黑板知识点

哈尔滨电机厂制造定子的技术，现在已经达到世界一流水平，核心技术的秘密不是先进的机械，而是那些经验丰富的工人。

线棒由工人们用铜线编织制成。

利用铜线上特有的弯折，将70根铜线像拧麻花一样，编织成一根线棒。

线棒中最重要的部分是一片小小的绝缘材料，铜线每一个编花处，都要塞上一片绝缘材料，位置必须精准。哪怕有一处0.1毫米的间隙被击穿，都会危及整个电站的安全。而工人们早已经驾轻就熟，没有一丝错漏。

2. 绝缘材料自动包带机

老工业基地要重新焕发青春，优势创新是唯一的出路。

哈尔滨电机厂的工程师们自主研发了绝缘材料自动包带机。

一根线棒需要包裹23层绝缘材料。线棒长10米，有4个弧度不一的转角，捆扎要一次成型且均匀整齐，必须悬在空中完成。

绝缘材料和线棒制造工艺，是全球发电机巨头们保密性最强的技术，是占领电机高端市场的重要武器。如今，中国的工程师们已经攻克。

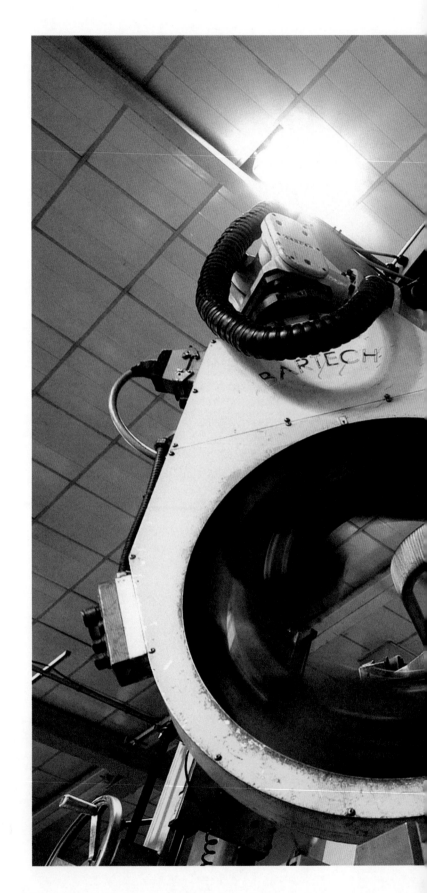

绝缘材料自动包装机

3. 打造最先进的实验室

哈尔滨电机厂现在拥有全球大电机制造行业最先进的实验室之一。

2013—2018年，国家先后投入3200万元支持这个实验室的建设。就是在这间实验室里，工程师们取得了多项研发成果。

下面实验室要对最新研发的新型线棒做击穿试验。

线棒的绝缘材料必须能在60秒内经受住170千伏电压的反复试验而不被击穿，才算研发成功。

此前，全球还没有一家电机制造巨头能够通过试验。

电压升到170千伏，60秒，线棒安然无恙。

继续升高电压，挑战线棒的极限值。

电压升高到180千伏，线棒达到极限值。

这是当时全球核电机组绝缘技术的新纪录。这意味着，中国在世界舞台上拥有了大容量核电站的关键发言权。

现代农业装备实现国产

中国要强，农业必须强。

中国是传统的农业大国，如果想要14亿多人吃得好，生活得更好，就必须努力抢占世界农业科技的制高点，从传统的农业大国走向农业强国。

　　我最爱吃蔬菜了，可是最近天气冷了，蔬菜都好贵，而且蔬菜的品种也少了不少呢。

　　你知道中国人每年要吃掉多少蔬菜吗？至少7亿吨，全球一半的蔬菜生产和消费都发生在中国。就算我们有数不清的蔬菜大棚，可是种植的蔬菜根本满足不了快速增长的市场需求。所以你在冬天买到的菜尤其贵也是有现实原因的。智能大棚的闪亮登场，或许能彻底解决买菜难的问题。

作为中国蔬菜之乡，潍坊有超过131万个蔬菜大棚，但仍然无法满足快速增长的市场需求。

低成本、高效率，是中国现代农业的发展方向。

距离大棚密集区不远处，有一座新建的大棚，当地人称它"玻璃屋"。

这座大棚的面积是传统大棚的15倍，全部用玻璃搭建。

"玻璃屋"种的蔬菜完全脱离土壤，在水里长大。

传统大棚一年最多产8季蔬菜，但在智能大棚"玻璃屋"里，一年能产18季，半个多月就能收获一波蔬菜。

"玻璃屋"拥有最先进的自动化设备，村民们只需要站在原地，就能完成采收。

早晨，大棚感应到太阳升起的光线变化，自动打开遮阳网，让蔬菜享受充足的阳光。

水位低于蔬菜根部的时候，供水系统会自动补充水分。

玻璃屋

自动育苗机每秒能播下 81 颗苗，工作效率是人工的 50 倍。

这种先进的智能大棚技术源自以色列，正是依靠这样的科技创新，以色列只用了 2.2% 的农业人口，就养活了 880 万国民。

但如果要在我国推广使用这种进口设备和技术，大棚每座成本高达 3000 万元。

中国人自古以来，就不缺乏田间管理的智慧。

中国的工程师们决定将"飘洋过海"的"玻璃屋"改造升级。

1. 替换玻璃墙

用传统的塑料薄膜代替玻璃，可以将整个建棚成本每平方米降低 800 元。大棚的受风面，用传统土墙替代了造价高的玻璃墙，能在寒冷的冬季减少热量流失。这种山东潍坊农民发明的冬暖式蔬菜大棚，在 30 多年前结束了中国北方冬季只能吃到白菜萝卜的历史。

2. 改造水培床

以色列智能大棚里的水培床，为了方便采摘，是用80厘米高的镀锌方管架起铁板，每平方米费用接近800元。而中国的工程师们在地面下挖一个1米深的通道，四周装上围挡，放入水和营养液，蔬菜就在里面生长，每平方米造价只需300元。

废弃矿坑的智能大棚设想

因为水培床建在地面上非常牢固，根本没有倾倒的风险，建成之后，工人就站在这里种菜和收菜，非常方便。

3. 制造智能控制系统

新大棚有一套智能控制系统是中国自主制造的通风装备，温度、湿度、养分供应全由电脑控制。这套系统可以控制16座大棚。

两个肥料泵控制着大棚里100个水培槽的营养供给。

控制系统采集到的水肥比例数据会实时显示。

这些国产新型智能大棚，总成本已经比国外降低了80%。

未来，会有更多便宜的绿色蔬菜在这些大棚里诞生。

小重敲黑板知识点

工程师们尝试在一些废弃的矿坑上建设一个智能大棚，上层搞种植，下层矿坑改造成池塘搞养殖，上下水循环利用，这将是农业发展与生态修复的完美结合。以后，没准儿在戈壁滩上、在沙漠里边、在盐碱地上，都能建设这样的蔬菜大棚，把地球的伤疤变成美丽的菜园。

汽轮机工作原理图

降低煤耗的汽轮机

上海长江入海口，一艘载重 5 万吨的货船正在卸货，船上运载的是驱动中国运行最重要的能源——煤炭。

作为世界上最大的能源生产国和消费国，在大力发展新能源的同时，中国也在持续推动煤炭的高效清洁利用，沿江而建的三座燃煤电厂正在全力运转。

上海市用电的六分之一就来自这里。

三座电厂中，最新的一座上海外高桥第三发电厂，2013 年凭借两台百万千瓦超超临界机组，实现了 276 克 / 度的年平均供电煤耗，打破了丹麦电厂保持的世界纪录。这项纪录意味着当年电厂每送出一度电比全国平均水平节约 45 克标准煤。

燃煤电厂的运行原理

小重敲黑板知识点

世界上所有燃煤电厂的运行原理几乎相同：锅炉中的水被加热成高温高压的蒸汽，蒸汽穿过固定喷嘴，成为加速的气流后，喷射到汽轮机叶片上，推动汽轮机运转，从而带动发电机发电。在这个过程中，汽轮机的能量转换效率极为重要，直接影响着电厂的运行效率。

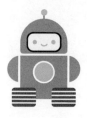

哎呀，才 45 克呀？一个鸡蛋的重量，节约这点煤能干什么呀？

别小看这 45 克，积少成多，集腋成裘，每度电节约 45 克煤，1 年就可以节约 52 万吨煤，减少二氧化碳排放量 140 万吨。

然而，对于中国的工程师们来说，这一切远不是终点。他们的目标是设计一台全新的汽轮发电机组，把电厂供电煤耗降低到 251 克／度，这将是一个新的世界纪录。

1. 汽轮机升级

　　想要降低电厂供电煤耗，并不是一件简单的事，必须进行装备也就是汽轮机的升级改装。

　　汽轮机组的关键部件是涡轮叶片，它们是由高性能合金钢制成的。其毛坯件具有极高的强度和韧性。直径 8 米的加热炉将坯料精确加热至 1133℃，加热后的坯料被送至全世界最大的离合器式螺旋压力机，25500 吨力量的重击在两秒钟的时间让毛坯件一次成型。

　　在这个过程中，叶片内部晶粒已经发生细化，再经过特定的热处理，金属性能就可以提升 25%。锻造好的毛坯件看起来有些粗糙，但是没关系，很快它们就会完成华丽转身。五轴联动数控机床会对叶片进行精加工，精加工之后的每一块叶片都有唯一的身份编号，工程师们必须严格按照编号顺序把叶片安装到对应轮槽上。

　　涡轮转子被称作汽轮机的心脏，这颗心脏是否足够强健，精密的装配尤为重要。2000 多个不同类型的叶片，工程师们需要在一个月的时间完成装配，十四级叶片轴线方向的整体误差不能超过 0.6 毫米。

　　正式出厂之前，汽轮机转子还要经历一次极为严苛的测试。

汽轮机转子

2. 严苛的测试

测试是在冻平衡测试台进行的，在这个密闭的空间里，巨大的转子将模拟蒸汽轮机转子的高速运行。

测试进行到 30 分钟之后，涡轮转速已经达到每分钟 3600 转，这意味着研磨机叶片顶端圆周转速已经达到每秒 660 米，相当于两倍声速，由此带来每个叶片约 600 吨的巨大离心力，这样的极限测试对于主轴叶轮叶片是极为苛刻的考验。

测试结束，包括振动扶持、速度在内的各项参数表现正常。这意味着新一台百万千瓦汽轮机低压转子完美通过测试。

拥有 100 多年历史的蒸汽汽轮机，如今广泛应用于电厂发电和大型船舶驱动等领域，代表着一个国家的工业综合实力。

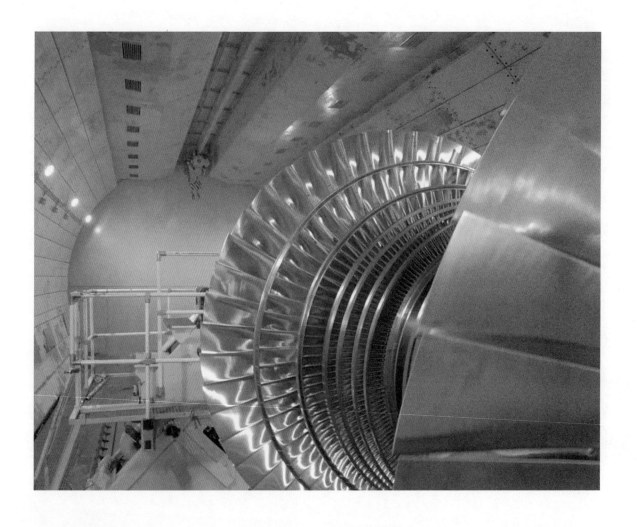

3. 挑战新的世界纪录

这台低压涡轮转子将助力中国团队挑战新的世界纪录。

中国的工程师团队要向251克/度供电煤耗的世界纪录发起挑战。

传统的汽轮发电机组高压缸、中亚缸和低压缸，分布在一个轴心上，为了实现251克/度的供电煤耗，工程师们将汽轮机组高压轴系与低压轴系进行分离，形成高低位分轴布置的结构。

这是一次极为大胆的尝试，在世界百年火力发电史上从未有过。

伴随着高位起重机的运行，

采用高低位分轴布置的汽轮机组高压缸开始吊装，重达175吨的高压缸将被吊装到82米高的平台，与锅炉的蒸汽出口基本平行，根据测算采用高低位分轴布置的汽轮机组比以往减少了将近200米的高温管道，机组满负荷运行的热循环效率可以达到49%，这距离实现251克/度超低煤耗的目标又近了一步。

小重敲黑板知识点

今天，中国百万千瓦高效超超临界机组的运行数量已经超过200台，这个数字意味着全世界发电效率最高的燃煤电厂超过一半在中国。

动力澎湃

全球顶级制造日新月异，中国机器的时代已经开启。当中国的机器制造能力越来越扎实、越来越稳健地向高端攀升，创新能力也开始大规模出现。产业升级带来创新动力，创新驱动助力中国澎湃向前，一步步走向世界高端制造领域。

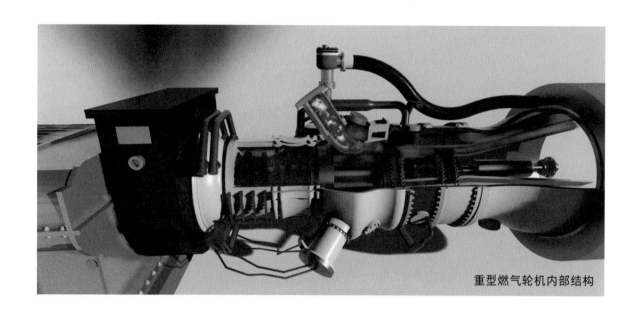

重型燃气轮机内部结构

重型燃气轮机

　　中国虽然是一个火力发电大国，但是关于超临界火力发电技术中最为关键的一项技术——重型燃气轮机的设计制造技术，却长时间被以美英为首的西方发达国家牢牢地掌握在手中。中国用的重型燃气轮机，很长一段时间基本是从欧美和日本等国家进口的，他们凭借这项技术源源不断地赚取天价利润。

小重敲黑板知识点

　　燃气轮机是燃气涡轮发动机的简称。与汽轮机相比，燃气轮机拥有更高的热工转换效率。燃气轮机是将空气吸入后，逐级压缩，压缩后的空气和天然气燃料在混合后剧烈燃烧，产生高温高压气流，推动涡轮旋转做功，从而输出强大动力。它主要用作燃气电厂发电，也是天然气、石油等长输管线的核心动力装备，还可以为大型舰船提供动力。

由于燃气轮机的研制涉及气动、传热、燃烧、结构、强度、材料、控制、精密制造等技术的极限，因而被誉为装备制造业"皇冠上的明珠"，全世界只有极少数国家能够自主研制。也就是说，能够掌握这项技术的国家，无一不是工业制造能力顶尖的强国。

唉，相比这些老牌工业强国，咱们国家的工业高端制造技术起点低，所以只能被他们赚取高额利润，想想都憋屈。

"自己动手丰衣足食"，是中国人的传统美德。以前没条件的时候，只能花这些冤枉钱，可是现在，咱们已经有了和欧美掰一掰手腕的底气，重型燃气轮机设计制造技术必须要攻破！这是中国电气工程师们心心念念的一个奋斗目标。

重型燃气轮机正面

2009年，50兆瓦重型燃气轮机的研发正式启动，项目代号G50。

10多年时间，中国工程师团队从零起步，已经完成了中国首台50兆瓦重型燃气轮机的研制，并顺利完成了点火和空负荷试验。

带负荷试验虽然经历小波折，但是工程师们克服重重困难，重型燃气轮机成功通过测试。这是中国装备制造业的又一项重大突破。

工程师们多年来的梦想终于实现了。至此，我国在重型燃气轮机方面终于不再"假手于人"，依赖他国！

透平叶片的自主研制

G50研发成功之后，工程师们把它放大了2倍，功率增加到4倍，就变成了20万千瓦的F级燃机，所以G50只是一个起点。

重型燃气轮机的透平叶片每隔8年到10年就需要更换，更换和服务费用相当于购买一台新的燃气轮机。长期以来，这些高温部件只能花费大量资金从国外购买。如今中国已经掌握了从制芯到浇铸成型的一整套核心技术。

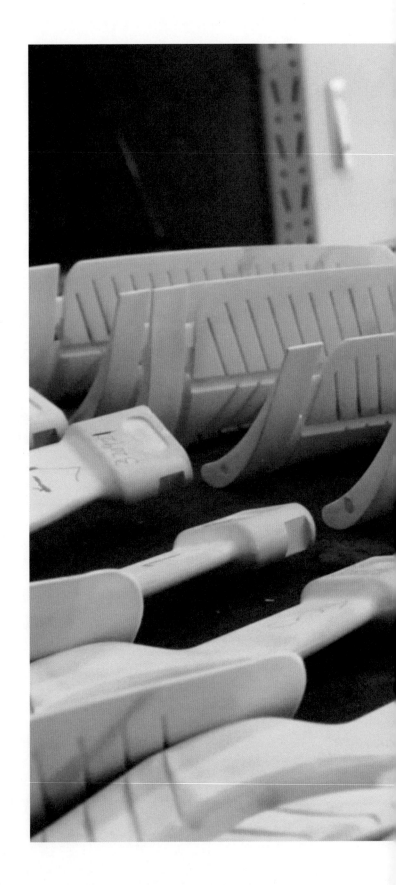

透平叶片陶瓷型芯

小重敲黑板知识点

　　透平叶片是汽轮机、燃气轮机中用以引导流体按一定方向流动，并推动转子旋转的重要部件。装在壳体上的叶片称静叶片或导叶，装在转子上的叶片称为动叶片。透平叶片的主体是叶身，其尺寸关系到透平叶片的流通能力。

重型燃气轮机可分为 E 级、F 级和 H 级，温度越高，技术等级越高。F 级重型燃气轮机工作温度可达 1300℃以上，要保障高温透平叶片在金属熔点以上安全稳定工作，是一项研发难题。

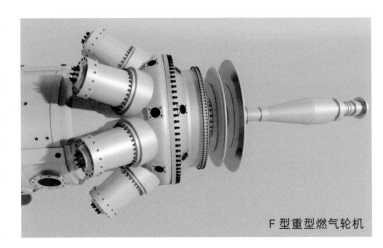

F 型重型燃气轮机

得到 G50 带满负荷点火试验收集到的最新数据和分析结果后，工程师们决定铸造一种新的高温叶片，用作新一台重型燃气轮机的制造。

为了解决这个难题，高温透平叶片被设计成空心结构，当叶片高速旋转时，空气进入叶片内部，可以形成对流冷却。而陶瓷型芯正是形成叶片内腔结构的关键工艺部件，这些陶瓷型芯是由特殊陶瓷材料制成的，耐受温度超过 2000℃，又可以在特殊的碱性溶液里溶解。

制作好的陶瓷型芯精确定位到蜡磨模具中通过压力机注射成型，制成蜡磨叶片。接下来，在蜡磨叶片表面反复涂上陶瓷涂料和特殊砂石形成一个陶瓷型壳。制备好的型壳经过高温处理，将内部蜡液完全脱除，形成空腔，再经过预热加温后就可以送入真空熔炼炉中浇注，1500℃左右的镍基合金液体将被抛入型壳中形成叶片毛坯。最后在高温高压的特殊碱性溶液中溶解掉叶片内部的陶瓷型芯，高温叶片的毛坯铸件才算制造完成。

此时的叶片，已经可以经受 950℃左右的高温，但这还远远不够，为了满足 1327℃的工作温度，还需要在叶片表面喷涂上特殊的陶瓷涂层。

喷枪喷出的焰流温度超过 3000℃，陶瓷粉末熔化后，均匀地沉积在叶片表面，形成热障涂层。特殊材料的空间结构和热障涂层的特殊制备，让这些高温叶片可以在 1327℃的高温下正常工作，对于中国工业制造来说，坚持自主化的道路才是未来。以 50 兆瓦重型燃气轮机为起点，中国已经基本具备重型燃气轮机的自主研发能力，最重要的是，中国人自己的天然气发电产业发展，从此就有了最坚强的后盾！

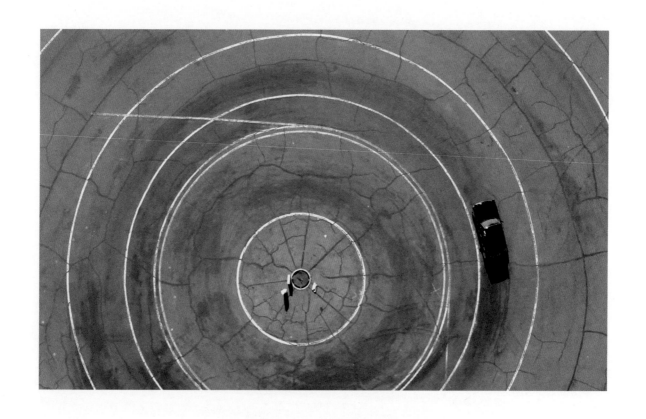

汽车动力

说到动力，和我们日常生活息息相关的肯定是汽车发动机啦。

吉林长春，环形试车跑道上，红旗 L5 礼宾轿车正爆发出澎湃的声浪，这辆大型轿车不仅代表着中国汽车工业制造的最高水平，在 14 亿中国人心中，它也有着极其特殊的地位和民族记忆。该车已经作为中国外交礼宾用车，出现在许多重大外交场合。

这辆车的百公里加速保持在 9 秒以内。对于重量超过 4 吨的大型轿车来说，这已经是一个惊人的数字。

这辆红旗轿车搭载的是世界上动力最强悍的汽车引擎之一 ——V 型十二缸（简称 V12）发动机。

小重敲黑板知识点

　　V12 发动机拥有成 60 度夹角排列的 12 个气缸，每一个都可以产生超过 7 吨的强大推力，能承受高达 130 个大气压的燃烧压力。极致的燃烧，为整台发动机带来超过 300 千瓦功率和 550 牛·米扭矩的超级动力输出，这么说吧，这样的动力足以驱动一辆重型卡车。

对于这样一款高性能发动机来说，光有强劲的动力远远不够，还需要在静谧舒适和节能环保之间达到完美平衡。汽车发动机工程师希望在保证节能高效的同时，把 V12 发动机的动力性能再提升 15%，然而，这样的目标极具挑战。强大的动力来自高效的燃烧，但仅仅是提高 1% 的热效率，就需要对进气、喷油、燃烧室形状等一系列设计进行精细优化与创新。

为了改善 V12 发动机的性能，工程师们做了很多改善工作，其中一项很重要的工作就是改进进气道。

1.改进进气道

汽车发动机属于往复活塞式内燃机，空气与汽油以一定的比例混合，经点火燃烧而产生热能对外输出动力。在这个过程里，进气道就像发动机的咽喉，控制着进气缸内气流的大小、方向和运动强度，是影响发动机动力、油耗、排放的重要组件。

工程师们要通过光学单机验证最新开发的 V12 进气道，确认能否进一步改善燃烧过程。

透明的气缸内，改进后的进气道，增加了空气进入气缸的流量和运动强

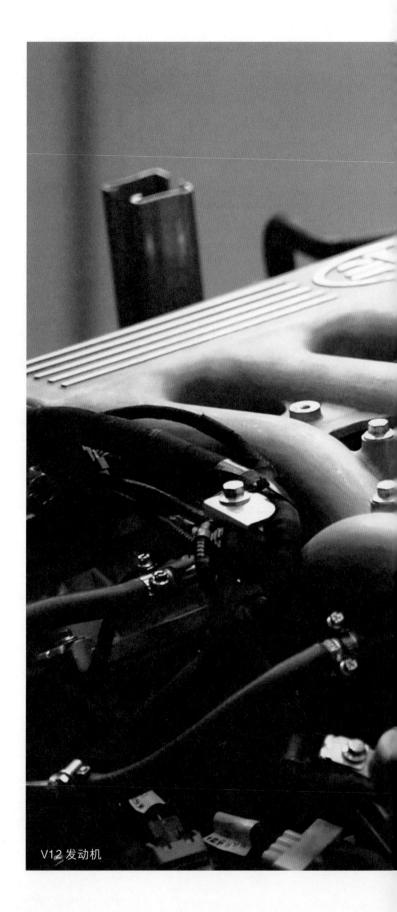

V12 发动机

度，使得燃油与空气仅在 4 毫秒内就可以实现均匀混合，燃烧过程也缩短到 0.8 毫秒，淡蓝色火焰意味着燃烧过程非常充分，没有碳烟产生。

根据试验结果测算，改进后的进气道，可以实现发动机动力性能提升 15%、热效率提升 10% 的开发目标。

对发动机来说，透明单缸机只是一个实验验证，工程师们根据实验数据，手工装配一台新的 V12 发动机。由于工艺的特殊性，全世界所有的 V12 发动机都是手工打造的。

V12 发动机的每个气缸包含 4 个气门，12 个气缸要装配 48 个气门挺柱。所有进气门间隙控制在 0.2 毫米，排气门间隙控制在 0.3 毫米。

经验丰富的装配工程师凭借手上的触感就可以选择合适的配件，并且在细致的安装过程中保持气门间隙调配的一致性。300 多种零部件，3000 多个装配步骤，V12 发动机代表了汽车发动机制造的领先水平。

2. 又稳又静的发动机

改造后的 V12 发动机拥有这么澎湃的动力是很酷啦，可是坐在车里听着发动机的轰鸣，吵死了，舒适性肯定就大打折扣。

作为一台中国外交礼宾用车，快、稳、静当然都要兼顾啦。

红旗 L5 型礼宾车

V12 发动机的气缸

重新改进的发动机在保证产生澎湃动力的同时还要与燃烧的静谧舒适之间进行综合平衡。也就是说，发动机不仅要动力澎湃，还得稳当。

针对重新设计的 V12 发动机稳定性测试在动态倾斜试验室里完成。动态倾斜试验室是中国唯一一个测试发动机动态稳定的实验室，国际上仅有德国、美国等少数车企拥有。

实测证明，改进后的 V12 发动机可以在 5000 转以上的高转速以及 40 度的翻转角度下正常运行，这相当于在时速 100 千米以上的行驶状态下紧急制动并转弯，发动机的燃烧和润滑系统仍然可以保持稳定。

不仅如此，即使在最容易产生抖动的怠速工况下，一枚一元硬币仍可以稳稳地立于运转的发动机上。

好了，发动机的稳定性可以保证，接下来进入 NVH 实验室来测试一下噪声。车辆 NVH 试验室拥有整车半消声室、动力总成半消声室、结构模态试验室、零部件吸隔音试验室多个国际一流的声学实验室。这里的环境噪声仅有 16 分贝，相当于一根曲别针从 1 厘米左右的高度落下来的声音。在这样的静音环境下，可以通过模拟人类听觉，检测发动机的噪声和振动控制。

凭借稳定的燃烧，V12 发动机整车噪声控制十分优异，在时速 60 千米的车速下，车内语音清晰度高达 98% 以上。

2007 年红旗开始打造中国第一款 V12 发动机，2009 年 V12 发动机完成车辆实测，成为中国第一款 V12 发动机，并作为 L5 型礼宾车的专用发动机。

小重敲黑板知识点

　　中国汽车工业的发展在飞速进步。依托于对V型十二缸发动机的研发，许多新的技术被用在四缸和六缸发动机的开发上。红旗第三代发动机热效率可以达到39%，这带来了更低的排放和油耗。

　　如今电动汽车混合动力汽车等新技术不断冲击着传统汽车发动机，面向未来，这是挑战也是机遇，只有在不断的技术革新中，才能带动整个行业的又一次变革。

飞起来吧，电驱动高铁

从 19 世纪的蒸汽机车到今天的高速动车组，动力的变革带来了速度的不断升级。

"复兴号" CR400BF 动车组，是当下中国高铁线路上运行速度最快的车型之一，时速高达 350 千米，比直升机的速度还要快。对于中国的高铁制造者来说这样的速度远不是终点。

中国工程师们的目标，是制造出未来世界上商业运行最快的高速列车，实现每小时 400 千米的运营速度。

一列 8 节车厢的高铁总重量接近 500 吨，驱动这样一个庞然大物以时速 400 千米运行，电力驱动是最优的选择。

小重敲黑板知识点

以前的绿皮车，一节车厢的设计图纸有 800 张足够了，而现在的高铁要超过 3500 张。正是因为电这种能源在高铁上的全面应用，所以现在车的设计比过去复杂得多。

工程师们将6000多根不同种类的电线分类到位后逐一安装。100多种电线电缆中，最长的40米，最短的不足5厘米，接近2万个接口的对接，全部要靠人工完成。这些电线电缆搭建出高铁的电力、血管和神经控制系统，在每小时为高铁提供超过8000度电能的同时，控制着车辆的安全运行。巨量的电能将被转化成强劲的动力驱动高铁前行。

火车跑得快，全靠车头带。"复兴号"强劲的动力也在车头吗？

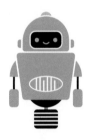

不不不，今天为列车极速前进提供动力的牵引电机，被分散装配到每节车厢，它们"众人拾柴"，同时发力，可以让高铁跑得又快又稳。

牵引电机

在湖南株洲，工程师们正在为时速 400 千米的高速列车打造一台全新的电机。1100 片硅钢片先要叠在一起做成安装永磁体的铁芯。所有安装孔位必须对齐，误差精度不能超过 0.1 毫米。叠好的硅钢片需要进行压紧处理，这个过程必须尤为小心，压力太小容易带来功率损耗，压力太大又可能破坏绝缘层形成短路。

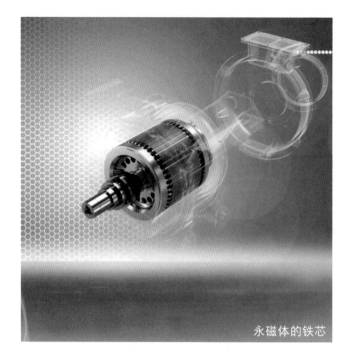
永磁体的铁芯

要想驱动高铁达到时速 400 千米，单台牵引电机的功率需要提高到 800 千瓦。功率增大，电流增加，能够利用的却只有车厢底部的有限空间，功率增大后的散热更是难题。

工程师们的方案是用自带磁场的永磁体代替电磁体，这样一来，在不增加热量的同时，电机功率可以提升 1.2 倍。但要把永磁体精确安装到转子上，却需要非同寻常的工艺。

采用新型的稀土永磁材料加工而成的磁钢，磁场强度相当于地球磁场的两万倍，巨大的磁力能够实现更高的电机功率密度，但也让安装变得复杂。工程师们专门研发了一台机器，来解决这个难题。

这台新机器可帮了大忙。在没有它之前，都是工人们手动安装的。因为永磁体本身的吸力很大，而且很脆，所以在安装的时候容易砸伤工人的手指头。

240块永磁体已经全部装入铁芯，其他部件的制作也在同步进行。线圈绕制、嵌线、真空浸绝缘液体、加温、固化，这些工序都需要经验丰富的工人手工完成。

新的牵引电机正在完成最后的组装，这是工程师们最新研制的中国新一代 TQ-800 永磁同步牵引电机。中国仅用了 20 年的时间，就实现了轨道交通电力驱动技术从直流到交流、从感应异步到永磁同步的跃进。这台中国新一代永磁同步牵引电机，为助力中国高铁实现 400 千米的世界最快运营时速增添了新的砝码。

这台新的牵引电机不仅跑得快，还省电呢，使用它，整车节能超过 12%。从北京到上海，单程就可节约用电 5000 多度，妥妥一个省电小标兵啊！

今天，中国已经拥有 4.3 万千米高铁总里程，居世界第一位。未来，我们还将在一路领跑中进一步提速升级。

"昆仑号"——千吨级运架一体机

中国的隧道建设规模处于世界前列，中国的隧道修建技术和装备已经领先世界。下面让我们一起来看看世界上首台千吨级运架一体机——"昆仑号"。

1000 吨是什么概念？

一头大象重约 5 吨，这相当于 200 头大象。

2020年11月，工作人员和"昆仑号"正在福厦高铁上施工，在35米高的桥面上，自重1000吨的"昆仑号"正在套梁，它即将前往湄州湾架设现场。

长116米的"昆仑号"，提着重1000吨、长40米的混凝土箱梁，像一根巨型扁担一样驶往两千米外的施工现场。

经过的这段弯道，是它过去两个月里架设完成的。"昆仑号"让架设40米长高铁箱梁成为现实。

与32米传统箱梁相比，采用40米箱梁每千米可以少用6个桥墩，节约造价700多万元，让湄洲湾大桥架设工期提前一个月，而且还会让高铁运行更加平稳。1小时20分钟后，架桥机提着箱梁到达湄洲湾中心的架设现场。如何让重达千吨长40米的箱梁稳稳地送到前方的桥墩上？真正的考验即将开始。

架桥机驱动着前端的立柱向前，支在前方的桥墩上。这个时候，架桥机就像大力士一样，举着千吨箱梁往前行走42.5米，到达落梁位置。

"昆仑号"架桥机

　　两小时后，又一孔箱梁架设完成，误差控制在5毫米。这是"昆仑号"的第100次成功。

　　一条新的交通要道正不断伸向远方，中国高铁正在全速跨入一个新时代。

　　我们有能力去设计、去制造比国外更先进的工程机械，我们国家的高速铁路会有进一步的提升，会向着这个更高速度、更高标准实现跨越式发展。

1600 吨起重机

中国，是全球最大的风能生产国，平均每小时就有两座风机竖立起来。

陕西子长的一个有 500 台风机的风场，每年可以满足上百万户家庭的用电需求。

这里的风机高度都在 130 米左右，但是山路崎岖，谷深坡陡，怎么样才能将这些大块头从工厂里运到指定风场位置，再把它们组装起来呢？

有没有能够翻山越岭的吊装设备呢？当然有，这一台专门为风机吊装研制的 1600 吨起重机，由中国制造，长 26.6 米，自重 200 吨。不要小看这个大块头，它可以灵巧通过狭窄的山路，轻松爬上 15 度的山坡，而且它只需要 50 米见方的作业场地，就可以顺利完成风机的吊装。

1. 大手也能干细活

这台起重机之所以能在高空完成精准作业，是因为它拥有能发出 2000 吨推力的变幅油缸，油缸推出 6 节臂架，支撑着臂架稳稳完成作业。

正是这台起重机，由全身上下 70 多个油缸组成的液压系统，输送出强悍的吊装动力。

风车的 5 节塔筒顺利吊装，机舱精准安放到位，不过是小试牛刀。一场惊艳的空中芭蕾即将进行。在 130 米高空完成叶轮、叶片整体对接，快速平稳，精准是关键，这考验着液压油缸的微动性能。

风车每个叶片长 68.6 米，重 15.3 吨，加上叶轮的重量，总重超过 90 吨，展开直径 141 米，架设高度超过了 130 米。

整体吊装比分解吊装叶片的方式节约了一半时间，但是风随时会来，风会使吊装难度增大，因此工作必须抓紧时间。

操作人员小心地控制着起重机，要在 130 多米高处完成叶片、叶轮与机舱的对接，螺栓、螺孔的间隙只有两三毫米，这就像竹竿打枣，吊臂顶端的稳定性极难控制。但是相比几米长的竹竿，起重机的吊臂要伸展到 130 多米高，而且还挂着 90 吨的重物，对装备和操作人员都是一场严峻的考验。

1600 吨起重机

支撑臂架的液压油缸，每伸缩1毫米，顶部位移就是100毫米。一旦遇到油缸抖动，风力突然加大，位移幅度可以达到500倍。危险和难度不言而喻。

不过这个大块头没有让人们失望，两小时后，叶轮、叶片整体吊装顺利到位。

2. 得液压者得天下

得液压者得天下，这是机械行业的共识。液压技术的水平决定着机械的效率和能力。经过多年的努力，在承压力、轻量化、可靠性等技术指标上，中国制造的液压油缸已经达到世界一流水平。关键基础零部件的突破，夯实了制造世界级产品的实力。

1600吨起重机这么能干，能负重，能爬山，还能在高空中精巧地完成安装。大家一定对它是如何生产出来的很好奇吧。下面，跟着小重一起去江苏徐州的工厂里，看看它是如何诞生的吧。

哇，工厂里为什么有这么多起重机？都没人买吗？

这你可说错了，1600吨起重机的市场需求非常大，各地的订单让工厂应接不暇。即使你现在拿着几千万元的现金来买，也得等上一年才能拿到货。如果你现在有一台，出租出去每个月都能赚几百万元呢。拿到这台车，就等于拥有了一台印钞机呀。

1600 吨起重机的市场需求非常大，而且它还搭上了风电建设的顺风车。中国做出的承诺是到 2030 年，风电太阳能发电总装机容量为 12 亿千瓦以上，达到现有装机容量的 3 倍，这又让风机吊装设备变得一机难求。

1600 吨起重机如此抢手，离不开强大的液压系统。在加工液压油缸方面，中国的工程师们有自己的独门绝技。

拉拔钢管长度为 18 米的亚洲第一冷拔机，和强度、韧度兼具的钢材都是这家工厂的工程师们专门研制的，突破了过去镗孔加工方式只能加工 10 米长度油缸的极限，而且可以节约 30% 的材料。

拉拔的过程是怎样的呢？其实和拉空心面条差不多。长12米、厚27毫米的钢管被送入工位，拉力400吨，速度每分钟两米。在几百吨力量的碾压下，钢管变得越来越薄，越来越"筋道"，同时内部组织结构也发生了变化，强度提升50%。冷拔完成后，钢管厚度从27毫米均匀瘦身到24毫米，长度从12米拉拔到13.39米。

一根内孔直径为375毫米的大口径钢管，经过冷拔后，内孔直径偏差是0.3毫米，相当于成年男性一根头发丝的直径。也就是说，这根钢管被拉长拉薄，但是内径几乎没有变化。这个决定液压油缸微动性能的关键指标已经处于世界领先水平。

组装好的液压油缸被送进测试车间，借助一只盛满水的杯子可以直观呈现油缸的运行状况，压力0.5兆帕，油量每分钟80毫升，运动速度每秒2毫米。

启动、运行、停止，杯子里的水轻微晃动，但并没有洒出来。经过这些极限数值的检测，验证了这个油缸具备世界一流的微动性能。

稳定性能卓越的油缸组成的强大液压系统，成就了1600吨起重机高空挑战的实力。

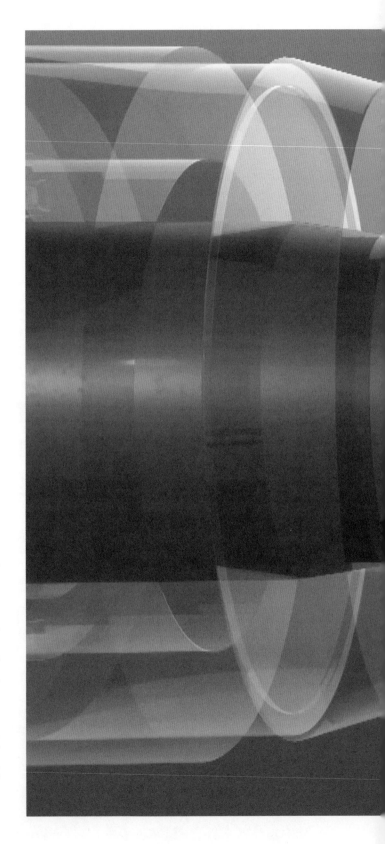

冷拔机拉拔钢管

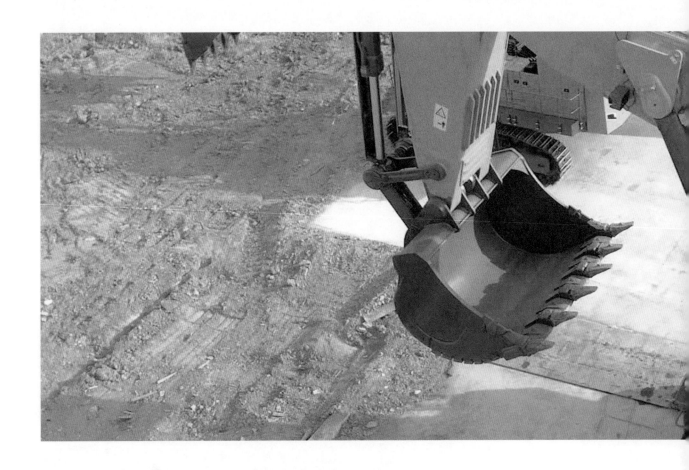

神州第一挖

假如给你一台挖掘机，你需要将 60 吨的沙土碎石铲到货车上运走，需要多久？

60 吨？差不多相当于 6 辆公交车的重量，那不得挖好几个小时啊？

哪有这么夸张！选对合适的挖掘机，只需要挖一次就够了。走，我带你见识一下挖掘机巨无霸。

超大型液压挖掘机

黑岱沟煤矿是亚洲最大的露天煤矿之一。每20天一次的爆破会产生170万立方米的碎石，这些碎石需要尽快移出采煤区。我国自主研发的第一台700吨超大型液压挖掘机正在这里大显身手。

这个巨无霸一斗可以铲起60吨物料，接近一节火车皮的容量，最大挖掘高度18.7米，相当于7层楼的高度。驾驶员一上午就完成了400多挖装。

随着煤矿的现代化，大型挖掘机已经成为标配，机器越大，效率越高。此前这类超大挖掘机只有德国、日本、美国等国家能够研发制造。

这台挖掘机被称为"神州第一挖"。强悍的动力来自两台功率1700马力的柴油发动机，这相当于30辆家用小轿车的动力。

这个重700吨的大家伙虽然力气大，可是走路却不太灵活。它每分钟只能行走30米，而且每一步都像孩子蹒跚学步一样小心。比如只有500米远的转场距离，对驾驶员来

这种超大型液压挖掘机的研制，国外用了20多年，而咱们中国只用了七八年。又一个中国速度，名不虚传。

说却需要格外小心，因为700吨挖掘机的左右两组14个支重轮逐个悬空，在一瞬间只有两个支重轮支撑着整机700吨的重量，稍有不慎车辆极易失去平衡。咱们的大家伙虽然走得缓慢，但是平稳、流畅，这是怎么做到的呢？让我们一起去工厂里一探究竟。

"神州第一挖"的"娘家"在江苏徐州的一家工厂里。

瞧，此时，工厂里正在生产的是400吨挖掘机，工人们正在组装行走系统。

400吨挖掘机虽然是700吨挖掘机的"小弟"，可是使用的行走系统是一样的。

引导轮组件插入纵梁的过程一定要保证水平，避免引导轮与纵梁发生碰撞。引导轮嵌入重梁的过程最为重要，四周的安装间隙只有5毫米，这就像吊在半空中完成穿针引线的高难度动作。不同的是，这根"针"足有两吨重。引导轮就像挖掘机行走时的导航

员，它要与履带紧密配合，保证履带不摇摆、不跑偏，想让车辆行走平顺，轮子中心与纵梁中心误差必须严格控制在3毫米以内。

这种履带式移动设备还可以"自力更生"，边走边给自己铺路。轮子走的路是履带板铺好的，就像一场由上千个零部件组成的行走大合唱，重量越大，配合要越严密。行走时，引导轮要指挥支重轮、驱动轮，拖链轮与履带板紧密配合，四种轮子和履带之间的关系如孪生兄弟一般行动一致，灵巧应对各种复杂工况。

扣上履带板，上下对准，插上销轴，四轮一带组装完成。

检测、验收、出厂，这台国外定制的400吨大型挖掘机完成了它在中国制造链条上的设计、制造、组装等一系列环节，踏上了征途。

绿色的
脉动

随着煤炭和天然气的发现，人类学会了自己制造动力。然而，环境的破坏、资源的约束让人类意识到快速发展的同时必须拥有与自然和谐共生的能力。一场凝聚全球共识的行动已经开启，中国工程师不断创造新的技术，他们正在用智慧和努力使我们看见一个绿色发展的未来。

电动汽车是个挣钱小能手

1. 让小小的电池爆发大能量

大家如果细心观察，一定会发现，街上跑的电动汽车越来越多，凛然有了和燃油车两分天下的趋势。其实，电驱对燃油驱动的深度替代已经开始，它的规模越来越庞大，发展越来越迅速，影响也越来越深远。

全球最大的动力电池生产基地在中国福建宁德，全世界四分之一的电动汽车电池产自这里，平均每分钟有 1000 个电动汽车电池下线。

决定电动汽车续航里程的关键指标，是电池的能量密度。

电动汽车充电桩充电

实时用电监控设备

小重敲黑板知识点

密度就是单位体积的质量，电池能量密度就是单位体积的电池所储存的能量体积。比如一块电池体重 1 千克，拥有 100 瓦·时的电能，那么它的能量密度是每千克 100 瓦·时。

过去 10 多年，中国的动力电池工程师团队通过升级化学材料，将电池包能量密度提升了 2 倍，达到每千克 180 瓦·时，让电动汽车续航里程从不到 200 千米提升到 700 多千米。

在化学材料短期无法取得重大技术突破的情况下，这已经接近电池能量密度的极限。但这并没有让工程师们停下脚步，他们又开始尝试从结构上取得突破。

普通电池包由模组组成，每个模组包含 10 个左右电芯，电芯是电池组的最小单元。如果我们把电芯比作一个人，电池包就是一个大房子，模组包就是一个个小房间。

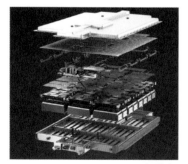

电池包

电芯

工程师们尝试取消模组结构，直接把电芯集成到电池包，同样的电池包空间，可以放进更多的电芯，能量密度就可以再提升 20%。

这就相当于一个房子里，每个房间都有墙体，还有电视、冰箱、衣柜等家电家具，这些东西既占空间又增加了房子的整体重量。如果把它们都去掉，一个大空间里就能放入更多的人，人多了，能量也就多了。

然而，每个电芯内部超过了 100 层；如果每一层极片的厚度不一致，哪怕只偏差 1 微米，电芯平均厚度偏差就会超过 0.1 毫米。一排电芯数量在 20~30 个，累计产生的 2~3 毫米偏差，将造成电池包无法组装。所以想要在结构上取得突破，就必须对电芯的一致性提出极高的要求。

电芯可不是一个个生产的，往往一次性生产出成千上万个电芯，因此要让它们的尺寸、各项性能的一致性做得非常好是相当困难的，难度不亚于要求成千上万人同时做一个动作，还要保证动作统一没有丝毫差错。

控制电池的一致性，关键在于浆料。浆料是承载着电芯正负极材料的附着物，对浆料的要求是流动性能好、黏度稳定、不易发生固体沉降。

工程师们利用 1 年的时间反复试验，才得到了理想的配方——石墨、黏合剂、导电剂和水的特定比例混合，这是秘不示人的独门技艺。将这些配方在自动负压罐中充分搅拌、混合均匀后，涂到铜箔上。严苛的生产工艺，将厚度达到 60 毫米的电芯平均速度偏差严格控制在 0.1 毫米以内，最终实现了整体质量极高的统一标准，让电芯直接集成到电池包的设想最终得以实现。

电池的能量密度提高到每千克 220瓦·时以上，由此将电动汽车的续航里程提升至 1000 千米以上。

2. 充电！快点快点，再快点！

电动汽车的续航问题解决了，另一个让人烦恼的问题又出现了——充电时间太长。

电池的能量密度增大了，续航里程提升了，可是充电时间却没有解决。你想想，出门旅行，途中老得停下来，半个小时一个小时地充电，多让人闹心啊。

工程师们又开始在充电时长上下工夫。如果充电能像加汽油一样快速，那么电动汽车的前景就会更加广阔。

实现快速充电的超级设想，取决于工程师们能否对材料结构做出改良。

电池常用的材料是人造石墨。人造石墨有一个缺点，它的快充能力比较差，而它的优点是能量密度比较高。工程师们将天然石墨表层特性移植到人造石墨上，这样充电速度快，而且循环寿命也长。

工程师们用超级工艺在石墨表面形成快离子环，打造了一个微观的工业世界，快离子环使电荷的转移阻抗大大降低，提供了更多的传输路径，从而实现在单位时间里锂离子嵌入速度的大幅提升。

用改进后的人造石墨制作而成的电池，能否真正进入批量生产，还必须经历一次25℃常温条件下的充电测试。

测试开始。不到12分钟，电芯就已经完成了80%的充电，这意味着由这种电芯构成的电池包只需要充电15分钟，就能为汽车提供400千米的续航。

更高的能量密度、更快的充电速度和日趋先进的动力电池，让人们驾驶电动汽车出行变得更加方便、快捷、高效。

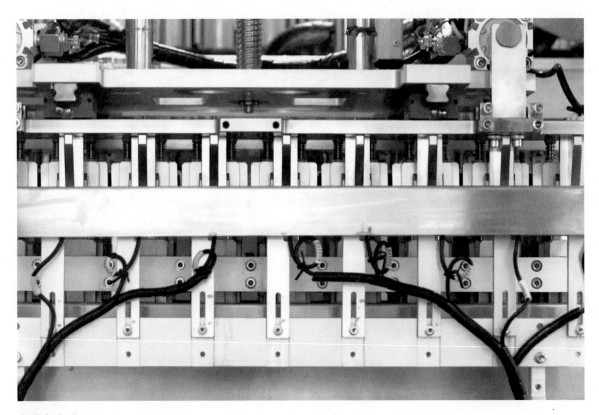

电动车电池

3. 超级充电装备

有了更先进的动力电池、更快的充电速度，充电装备也不能落后。在充电装备领域，中国的工程师们同样在争分夺秒升级技术，让充电变得更加快捷。

电动车充电过程电池剖面

新一代超级快充装备已经在山东青岛诞生，下面开始测试。

随着电压和电流的加大，充电功率开始持续攀升。3分钟后，功率接近峰值320千瓦。在这台大功率充电机的设计上，工程师们采用了全新的液冷系统，相比风冷散热，它拥有更强的冷却效果。

温度越高，液冷系统的循环速度越高，就会把热量带出去，这样就保证了充电的安

充电枪充电示意图

全性。

新一代超级充电装备顺利通过测试，这意味着搭载新一代超级充电装备的电动汽车充电 50 度续航 400 千米的时间将被史无前例地缩短到 10 分钟内，这样的充电速度已经接近汽车加油的体验。电池和充电技术的快速升级，将极大加速电动汽车的普及。

4. 让电车挣钱

有了更先进的动力电池、更快的充电速度、更优质的充电装备，所有的问题都解决了吗？不不不，新的难题接踵而来。

当充电汽车数量剧增，电动汽车发展已经规模化，充电桩的无序充电弊端就显露出来了。比如说在一个小区里有 100 辆车，同时回到这个小区，采用充电桩无序充电，这个电网瞬间就爆掉了。

工程师们想出了一个新的解决方案：用充电网代替传统充电桩，从而实现有序充电。一个厂区内的所有充电终端都与能源路由器连接，系统根据厂区的实时用电负荷，对汽车的充电顺序进行管理，从而避免集中充电对电网造成的冲击。

充电桩其实就是把电充到车里的一个物理插头，插上就充上了。而充电网就智能了，它会根据客户的需要，根据车上剩余的电量和电网赋予的电量，做一个有序的充电放电。

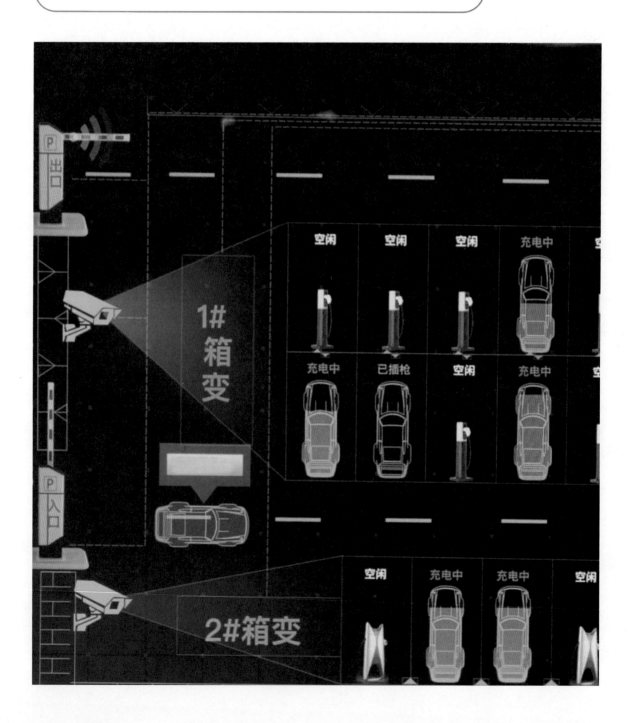

工程师们将这套方案复制推广，构建起了一张覆盖全国大部分城市，包括660多万个充电终端的充电网络。

在这个数据链接和能源交互的新型工业互联网中，工程师们加入了实时监测和大数据分析技术，充电过程中对电池进行体检，采集到的充电数据会实时推送到平台上，同时大数据做分析比对，一旦发现安全隐患立即停止充电，从而最大限度保障充电安全。

但这还不够，工程师们又想出了更全面的能源解决方案——移峰填谷，让电动汽车挣钱。

小重敲黑板知识点

怎么才叫移峰填谷呢？比如说，每一辆电动汽车存有50度电到80度电。如果开车上班，就算你一天跑50千米，也用不了10度电，也就是说你的车里有70%的电量是没有用的。这时候，就可以利用这70%的电和电网、能源之间实现协同调度，就是把电还给电网，帮助电网实现移峰填谷。这意味着这些电动汽车可以像充电宝一样，既能通过充电设备对自身充电，也可以反向放电。对一个普通用户来讲，开油车是需要花钱的，但是开电动汽车就很可能会挣钱。电网富裕时你在家里用电价为5毛钱的电把你的车充满，尖峰电价到1.2元的时候，你就可以把车上的电放出来卖给电网。

工程师们的梦想能否实现，就看接下来测试的结果了。

参与测试的 36 辆电动汽车和充电终端已经全部完成了 V2G 技术升级。

测试开始，总功率达到了 979 千瓦，电动汽车的占比是非常高的。36 辆原本仅拥有充电需求的电动汽车，同时向区域电网反向放电。一旦测试成功，意味着电动汽车的拥有者就可以在电网富裕时充电、电网紧张时放电，在享受出行便利的同时，还可以享受能源互联的福利。

不仅如此，这项技术还可以让充电网连接到能源网。如果全国有 360 万辆车，这些车都参与低谷充电高峰放电，对于平衡电网、保证电网的安全就是一个巨大的贡献。

此时，36 辆电动汽车持续放电，已经将园区电网供电负荷的瞬时功率从 538 千瓦降低到 89 千瓦，近 80% 的负荷功率由电动汽车放电提供，AI 摄像头利用图像识别、红外测温等技术可以对参与测试的设备进行实时监控。测试通过。

在工程师们心中，关于电动时代的未来场景，正一步步向人类走近。未来电动汽车大规模发展，通过充电网的连接，形成一个巨大的移动储能网，不仅可以实现光伏、风电等清洁能源的充分消纳，同时新能源车充新能源电，也将助力中国加速实现碳中和。然而，实现这一切必须依靠一张坚强且智能的超级电网提供电力输送。

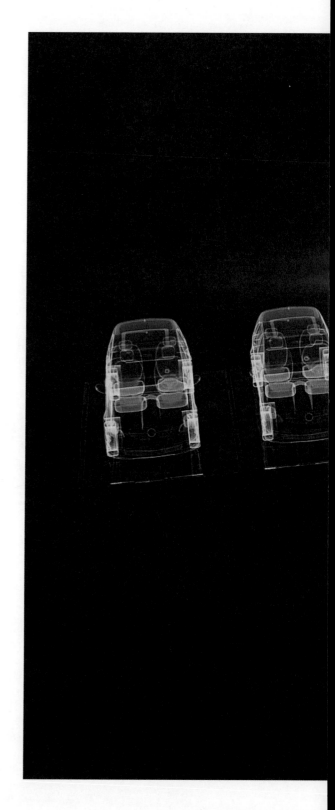

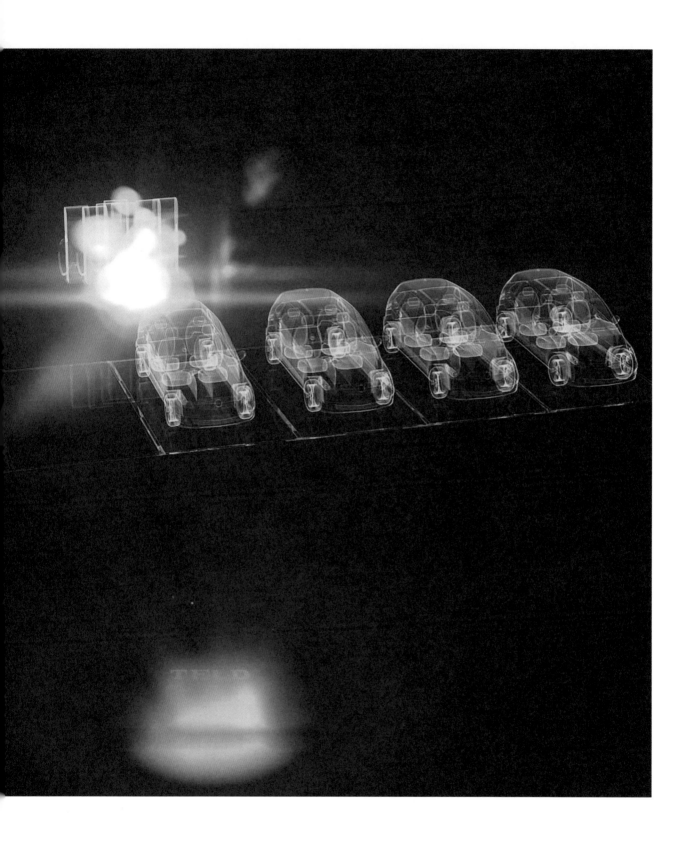

拥有三头六臂的三臂凿岩台车

越来越密集的高铁穿行在中国大地上，已经成为今天中国的一个重要标志。桥隧比（桥隧比是指公路和铁路建设中，桥梁和隧道占总里程的比例）是彰显高铁施工难度的核心指标，现在修建的高铁桥隧比在80%以上的越来越多，没有可靠的重型装备是不可能完成的。

中国自主研发的三臂凿岩台车，是一台拥有"三头六臂"的大型装备，像身怀魔法的变形金刚，是隧道施工的先遣兵，承担打钻开山的任务。

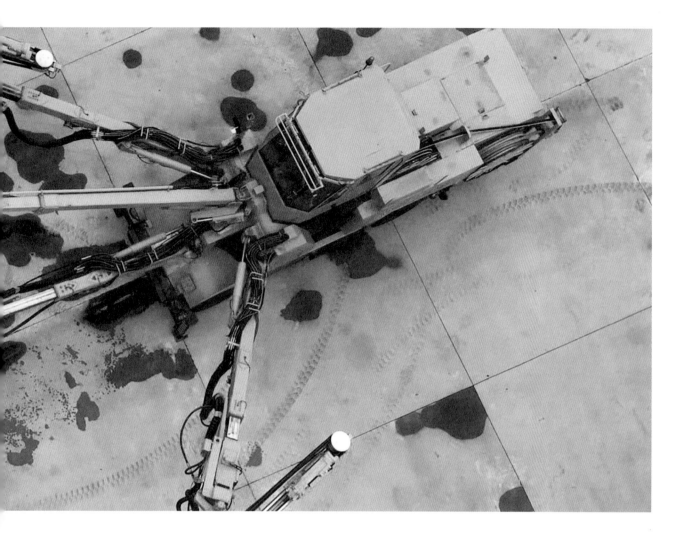

设备上有显示屏，显示屏上的小点，就是钻孔的位置，工作人员只需要对图定位，就可以控制钻杆。155 平方米的工作断面，240 个爆破孔，两台车、6 只手臂、4 名操作员只需要两小时就可以完成。这是全球最快的速度。

钻孔、装药、联网，工人们已经非常娴熟。每一声爆破，都是一次礼赞，三臂凿岩台车任务的完成，就是启动隧道挖掘铁甲军团的开始。

清运、支护、注浆，一气呵成。每天往前推进 8 米，效率是以前的 2 倍，而且施工质量和安全更有保障，尤其适用施工难度越来越大的今天。

凿岩台车打钻，就像打台球，不过是击打 10 米外的钢球，而且还会遇到不同硬度的岩石。这就需要让机器像芭蕾舞演员一样，动作灵活迅捷，力量控制自如。这是全球的行业难题。

中国的工程师们，一直在寻找最优的方式——如何让油液分配合理，而不是"欺软怕硬"。如今终于取得突破的关键——液压系统的 45 个复合动作，决定了钻孔的精度与质量。

工程师们设计了一套智慧的电液负载补偿控制系统，可以让液压系统通过感知岩石负载，来反馈并控制液压油量，实现 155 平方米工作面上厘米级的控制精度。

这个八组多路动作联控阀就是秘密武器，它就像人的神经，可以精准灵敏地感知、接收臂架动作产生的压力，并将这些信号反馈给液压泵。阀芯内的动作配合都是微米级别的。

安装必须快速准确，确保阀内不能进入任何杂质，这样三臂凿岩台车工作时才能驱使液压油顺畅流动，液压元件不发生卡滞、失效等状况。稳定控制阀是工程师们优化升级后的部件，可以大幅减缓臂架工作时的晃动，提高运动精度。

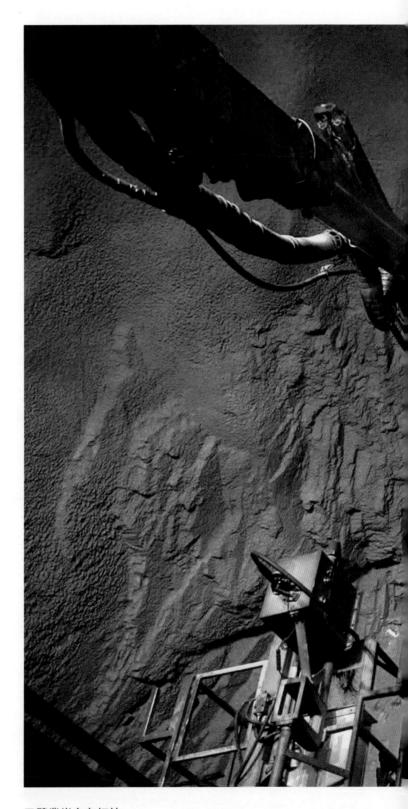

三臂凿岩台车打钻

3天后，110个液压组件全部安装到位。

安装好的三臂凿岩台车还需要"测试"才能上岗——测试比实际工况难度增加30%。

工程师们将隧道的各项数据输入负载模拟试验台。同样是隔着10米远击打台球，同样是面对坚硬的岩石，三臂凿岩台车精度误差控制在5厘米以内。这是目前国际上的最高精度，这让隧道施工精度提升了1倍，达到全球领先水平。

拥有超强性能的三臂凿岩台车被川藏铁路选中，在海拔三四千米的高寒缺氧地带，它们将再次彰显超强的魅力，演绎一曲刚柔并济的高原芭蕾。

安装多路动作联控阀

飞起来的磁悬浮列车

中国高铁已经成为闪耀世界的国家名片，而与高铁相媲美，一种更快速更经济的交通工具正在成为全球新的竞争高地，这就是高速磁悬浮列车。

2020年6月21日，我国首列时速600千米的高速磁悬浮试验样车试跑成功。

好神奇，这么巨大的车，是怎么做到脱离地心引力的呢？

依靠磁铁同性相斥、异性相吸的力量啊，列车与轨道保持10毫米的间隙，悬浮在轨道上贴地飞行。

小重敲黑板知识点

磁悬浮列车是一种靠磁悬浮力来推动的列车，它通过电磁力实现列车与轨道之间无接触的悬浮和导向，再利用直线电机产生的电磁力牵引列车运行。由于轨道的磁力使之悬浮在空中，行走时不需要接触地面，减少了摩擦力，只受来自空气的阻力，因此高速磁悬浮列车的速度比普通高铁要快很多。

磁悬浮列车安装的电磁铁模块是不同于高铁技术的全新路径，完全由中国工程师设计。

高速磁悬浮列车上的玻璃和普通高铁列车也不一样，使用的是特制的异型玻璃，厚度为21毫米，曲率半径达3万米。安装这种玻璃要求非常细致，一旦出现偏差，增加的风阻将消耗列车的动力，这对运行时速600千米的磁悬浮列车来说，影响将是巨大的。

工程样车安装完毕，在未来，它将以每小时600千米的速度奔驰，但前提是它能够通过风洞的考验。

1. 风洞试验

　　风洞是以人工的方式模拟现实中存在或者不存在的风，验证产品的气动、结构、材料等性能。风洞是空天、基建、交通等领域的重要测试平台，汽车、火车、飞机这些靠速度取胜的交通工具，它们的设计制造都需要通过风洞试验来完成。

　　风洞的数量和质量是衡量一个国家空天基础技术、研究水平的重要标志。

我国第一座大型连续式跨声速风洞的建设，填补了国内多项技术空白。

长95米、宽23米、重6620吨的环形钢铁建筑，是它的主体结构。

压缩机被称为连续式风洞的心脏、动力之源。然而，这座风洞需要的压缩机全世界只有三个国家能够生产，但是他们却拒绝卖给中国，即使仅仅提供设计方案，就开出了数千万美元的高价。无奈之下，憋了一口气的中国工程师们开始了自主研发的历程。近百名技术人员历时7年，突破31项技术难关，成功研制出综合性能处于世界领先水平的空气压缩机。这台空气压缩机可以吹出1.6马赫，相当于时速1960千米的风，接近波音787巡航速度的2倍。

压缩机里的叶片是由特殊材料制成的，长1米，重25千克，重量是传统钢制叶片的八分之一。正是叶片的旋转，吹出了风洞测试需要的风，叶片安装的角度和精度是业内概不外传的核心机密。

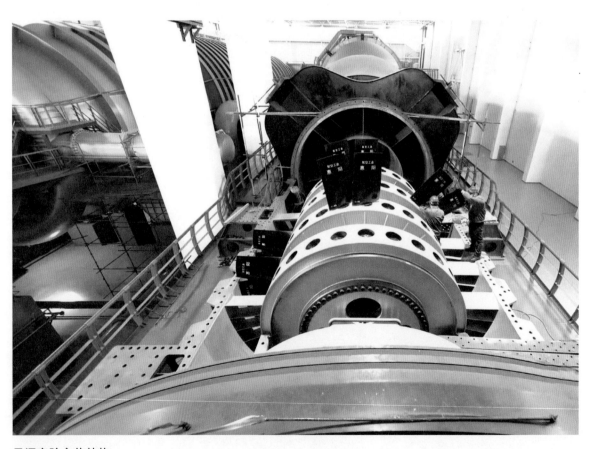

风洞实验主体结构

2. 造风者

这座风洞由几十家单位、数百人共同参与建造，国家投资了 10 多亿元。十年磨一剑，终将见分晓。

在测试别人之前，风洞也要接受测试。

为了检测这座自主研发的风洞是否合格，能否吹出人们需要的风，工程师们"请"来了一架民用飞机标准模型。

之前，这个标准模型已经在世界最先进的风洞里进行过测试，现在，它在新建风洞里进行同样的测试，通过两组数据比对，进行性能分析，并以此判定这座风洞是否可以开始真正的测试。

万事俱备，只等吹风。动力系统启动，电机启动，更换洁净空气，超级空气压缩机蓄势待发，开始试验。

这是一次亚声速测试。0.4 马赫，0.6 马赫，0.8 马赫，到达预定速度。控制大厅里，工程师们的视线锁定各种数据曲线。这是最关键的时刻，如果曲线走势出现异常，就意味着风洞系统不稳定，测试不成功。

工程师们最关注的数据出来了，这是与欧洲试验的对比图，升力、阻力、侧向力等 6 个最重要参数形成的曲线，直接反映了这座风洞的性能。

数据完美重合！

测试项目接踵而来。

从时速 600 千米的磁悬浮列车到 CR929 国产宽体客机，从交通到空间等诸多领域的重器，都将在这里接受吹风考验。

磁悬浮列车风洞测试

大风车转呀转

在山间，在海上，在高原，在沙漠，在草原，我们经常会看到大风车转啊转。2010年年底，我国风力发电累计装机容量跃居世界第一。此后，风电装机稳居世界第一，中国风电一路领跑，成为亮眼的标签。

1. 风机"先知"

2018年，33台风力发电机在中国云南曲靖远离城镇的群山里出现，这里的风每年可以生产出接近1.2亿度的电能。

可是，"追风"的智能风电工程师们仍旧不满足，他们要用一种新的技术，让这些

风车从风中获得能量，风越大，风车叶片旋转获取的能量越充沛。工程师们的新技术，难道是人工让风变大？

你的脑洞也太大了吧？怎么可能？当然是在风机上下工夫啦。

风力发电机每年再多发电 600 万度以上。

每台风机顶部都有风速仪和风向仪，只有风吹动仪器之后，笨重的风机才能感知到风，并开始有目标地调整姿态，大量的有效发电时间被浪费在这个过程当中。工程师们给风机加装了一个名叫激光多普勒雷达的设备，它就是解决问题的关键。

这种激光雷达有角度不同的 4 个光学镜头，通过这些镜头发射和接收激光。发射的

80%

是 1550 纳米被调制的激光；如果空气中的微粒是固定不动的，反射回来的光波频率将保持不变；如果空气运动了，反射回来的光波频率就会发生变化。通过这种名为多普勒效应的现象，激光雷达就能"看到"空气流通的情况，包括风向和风速。加装激光雷达，让风机具有提前感知风向和风力的能力。

小重敲黑板知识点

装上激光雷达的风机仿佛有了眼睛，能提前 15 秒感知到风，然后产生数据，及时调整姿态。不要小看这 15 秒，一台传统的 1.5 兆瓦风机一般情况下 1 年能发 300 万度电，但是通过加装激光雷达并进行控制材料升级之后，1 年能多发 15 万度电，相当于整个 20 年生命周期内多发 300 万度电。

其实这个激光雷达并不是新发明，但是之前由于造价昂贵和体积巨大，它没有被广泛应用。可是现在，有了高速迭代的芯片技术，多普勒激光雷达的成本迅速下降到几年前的十分之一，而且体积也随之急剧缩小，所以它大量出现在过去不可能到达的场景中。

给所有的风车都装上激光雷达，多麻烦啊，成本肯定也小不了。

一个部队里，只需要几个侦察兵，整个部队就能共享侦察兵侦察到的敌情，制定下一步作战方案。一个风场的所有风机通过光纤连接成一个整体，关键位置的几台风机加装激光雷达之后，整个风场的风机都可以共享数据。因此，两至三台风机升级安装了激光雷达，就可以变成一片风场的升级。

安装激光雷达，工程师们又怎么知道风机们有没有多发电，多发了多少度呢？风场升级的效果，半年之后终于可以看了。不过，想要知道具体的数据，得去北京。

在与风场直线距离 2200 千米之外的北京，数字化工厂的所有运行数据都能被进行全面分析。

与去年的同期数据相比，仅仅半年风场发电量增加了 300 万度。按照这个趋势，在这片风场剩余的 17 年生命周期里，将多发电超过 1 亿度。

数字技术作为新的发展引擎，不仅可以让传统工厂焕发新的活力，还将引领风电场开发方式的改变。

2. 测绘无人机

在云南的另一片山地，一个全新的智能风电场的开发即将开始。

在此之前，工程师们要在两天内完成 40 平方千米山地的全部地形数据采集。如果像过去一样，翻山越岭徒步采集，两天的时间内绝对不可能完成，但是借助一台新型装备——测绘无人机，就能让不可能的事情变得可能。

测绘无人机在数以万计的预定位置上拍摄照片，虽然每张照片只包含二维

的数据，但是当所有的数据通过计算产生交互之后，第三个维度——高度的数据神奇地被建构出来。

由于照片的图像只存在长和宽，所以图像数据是二维数据。

加上海量的历史气象数据，一个数字化风场快速出现在工程师们的电脑上。

我们可以看到，在电脑上被建构出的风厂上面还有不同的颜色，这些不同的颜色代表整个风电场不同的资源情况。红色代表这个风厂中资源条件最好的区域，如果我们把风机布置在红色的区域，则意味着我们可以收获更多的发电量。

数字技术使风电场的建设周期缩短15%以上。收集到的精细数据还可以帮助工程师们更快速规划出最优的风机布局，发电量也将因此大幅提高。

前期的规划完成，这个风场的建设就可以真正开始了。

图书在版编目（CIP）数据

大国重器.陆地 /《大国重器》节目组主编 . -- 北

京：北京理工大学出版社 , 2023.12

ISBN 978-7-5763-3084-7

I. ①大… II. ①大… Ⅲ . ①科技成果 – 中国 – 现代

IV. ① N12

中国国家版本馆 CIP 数据核字 (2023) 第 203007 号

责任编辑：徐艳君　　　文案编辑：徐艳君　　　策划编辑：张艳茹　　门淑敏
责任校对：刘亚男　　　责任印制：施胜娟

出版发行 / 北京理工大学出版社有限责任公司

社　　址 / 北京市丰台区四合庄路 6 号

邮　　编 / 100070

电　　话 /（010）68944451（大众售后服务热线）
　　　　　 （010）68912824（大众售后服务热线）

网　　址 / http://www.bitpress.com.cn

版 印 次 / 2023 年 12 月第 1 版第 1 次印刷

印　　刷 / 雅迪云印（天津）科技有限公司

开　　本 / 889 mm × 1194 mm　1/16

印　　张 / 17.75

字　　数 / 318 千字

定　　价 / 288.00 元（全 3 册）

The Pillars of a Great Power

大国重器

深海

《大国重器》节目组　主编

北京理工大学出版社
BEIJING INSTITUTE OF TECHNOLOGY PRESS

目录

布局海洋

海洋正为中国经济提供澎湃动力。第一艘国产航母下水，第一次可燃冰试开采成功，从海上粮仓到海上油气田，从海水淡化到海上风场。依海富国，以海强国，建设海洋强国，创新发展的"蓝色中国梦"正越来越近。

挖宝藏的 "蓝鲸 1 号"

你知道海底都有什么吗？

当然知道啦，有各种稀奇古怪的鱼，还有宝藏，金币、宝石、沉船……

你可真是个财迷，不过你回答对了，海平面 1000 米以下，确实蕴藏着数之不尽的宝藏。全球 30% 的生物生活在海底，全球 40% 的油气资源未来也将来自深海区。谁能率先拥有深海重器，谁将赢得属于未来的先机。

1. 挖出可燃冰

可燃冰不是冰，是天然气水合物，天然气与水在高压低温条件下形成类冰状结晶物质，其外观结构看起来像冰，且遇火即可燃烧，因此被称为"可燃冰""固体瓦斯"和"气冰"。可燃冰分布于深海或陆域永久冻土中，1 立方米可燃冰大约可以转化为 164 立方米天然气和 0.8 立方米水，可燃冰燃烧后几乎不产生任何残渣，污染比煤炭、石油、天然气小得多，且储量巨大，因此被国际公认为石油等的接替能源。

地球上可燃冰的储量可以供人类使用千年，但是怎样将深藏在海底沉积物当中的可燃冰开采出来，是一个世界难题。每个国家都在努力寻求突破口，但能不能持续开采出可燃冰，考验的不仅是技术控制能力，更需要强大的科研装备实力。目前仍没有国家可以将可燃冰用于商业领域，大规模开采更是无从谈及，基于这一情况，中国斥资 70 亿元，建造了海上巨无霸——"蓝鲸 1 号"。"蓝鲸 1 号"也没有辜负人们对它的期望，成功开采出可燃冰。

蓝鲸 1 号

小重敲黑板知识点

　　"蓝鲸 1 号"是海上半潜式钻井平台，长 117 米，高 118 米，自重 42000 吨，是中国自主研发的技术达到国际先进水平的钻井平台，也是目前全世界钻井深度最大，作业水深最大的半潜式钻井平台，由中国企业完成了包括调试、生产和安装的全过程。它的出现，代表了中国在海上石化能源装备领域达到国际领先水平，具有里程碑式的重要意义。

"蓝鲸1号"可以在水深超过3000米的海域作业,最大钻井深度15240米。要知道,已探明的世界最深处马里亚纳海沟也仅为11034米,可以说,"钻"到地球最深点,对"蓝鲸1号"来说不在话下。"蓝鲸1号"巨大的身躯,能够确保12级飓风下,开采过程依然平稳、安全。

中国南海，水下1266米，中国首次海底可燃冰试开采，正在进行。

"蓝鲸1号"的可燃冰安全开采持续了整整60天，产气总量超过30万立方米。产气时长、产气总量，双双打破世界纪录。

2. 泰山吊

中国"蓝鲸1号"重达42000吨,甲板面积相当于一个标准足球场大小,拥有27345台设备、40000多根管路、50000多个MCC报验点、120万米电缆拉放长度。"蓝鲸1号"代表了当今世界海洋钻井平台设计、建造最高水平,从建造之初,它就是世界瞩目的焦点。

"蓝鲸1号"是海上半潜式钻井平台,大部分浮体没于水面下,上半部船体,重达18727吨,相当于32架空客A380的重量。想要将上半部船体和水下部分合体,只能依靠泰山吊。

泰山吊,中国自主制造的超级装备,高118米,主梁跨度125米,采用高低双梁结构,设计提升重量高达20160吨,提起"蓝鲸1号"的上半部船体毫不费力。

14小时后,"蓝鲸1号"上下体合拢一步到位。

这是当今世界上最安全、最快捷的大合拢方式。只有全球独一无二的装备,才能创造全球独一无二的奇迹。

泰山吊

3. 水下推进器

"蓝鲸1号"一共有8个推进器，它们推力的大小完全靠计算机根据采集来的风力、洋流等参数，自动计算并控制，是确保"蓝鲸1号"能够在飓风下屹立不倒的定海神针。

要将推进器准确入位，需要潜水员和平台工作人员默契配合。

过去，推进器的安装只能在深海完成，仅安装费就需要1000多万元。现在，中国的工程师们首次在码头安装推进器，把安装成本降到了原来的十分之一。

海上钻井平台被称为"流动的国土"，体现着一个国家的整体工业实力和发展方向。

十几年前，中国还完全没有自主制造海上钻井平台的能力。

现在，中国不仅能够自己制造钻井平台，而且多项技术领先全球。

探索深海的"深海勇士号"

2018年，中国自主研发的深海载人潜水器"深海勇士号"，搭乘"探索一号"科考船，前往南海，第一次挑战4500米深海载人下潜任务。

"深海勇士号"是中国第二台深海载人潜水器，潜水器取名"深海勇士"，寓意是希望凭借它的出色发挥，像勇士一样探索深海的奥秘。

"深海勇士号"长9米，高4米，重20吨，是目前全世界同一级别深海下潜作业时间最长的潜水器。

小重敲黑板知识点

之所以将下潜深度定为 4500 米，是因为这个深度是海洋生物资源和矿藏分布最密集的区域，这个深度基本覆盖了中国主要海域和国际海域资源可开发的深度。相比起更深的深度，4500 米可以使潜水艇的运行难度和制造成本有一定程度的降低。率先拥有 4500 米深度的勘探能力，是成为海洋强国的重要标志。此前，全球只有美国、法国、俄罗斯和日本拥有 4500 米载人深潜技术。

潜水器对电池的稳固性要求极高，稍有松动，极易发生短路。此前，全球只有日本掌握磷酸铁锂电池在潜水器上的应用，相关技术严密封锁，2013年中国取得了突破。"深海勇士号"使用的是中国自主研制的磷酸铁锂电池，它能确保潜水器在4500米的水下连续工作6小时以上，寿命是常规电池的10倍。

中国南海，海平面下4500米，"深海勇士号"成功着陆，真正的挑战开始了。

球形舱，"深海勇士号"的大脑。

机械臂正在将透明生物箱打开，为取样做准备。

机械臂长两米，由6个关节和一个手爪组成，可以轻松抓起60千克重的物体。

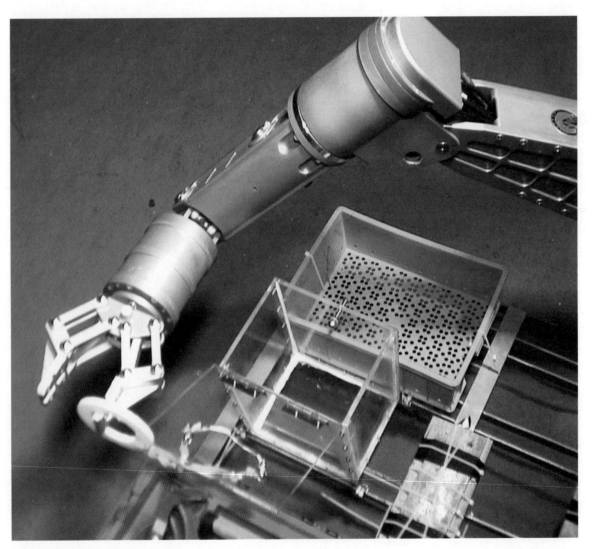

"深海勇士号"机械臂深海抓物

原来"深海勇士号"的工作是下潜到 4500 米的海底采集海底标本呀，这工作看起来并不难嘛。

在深海 4500 米，潜水器承受的压力相当于每平方米 4600 吨。想象一下，每平方米上站着 460 只非洲象是什么滋味。而且机械臂抓取的力道还要非常精确，该重的时候重，该轻的时候轻，海底洋流、地质形态都会对机械臂的稳定操作造成影响。

机械臂抓取目标出现了——深海生物海绵，秆部直径不到 7 毫米。

抓取过程力道控制要绝对精确，这相当于在气球上切豆腐。

海底洋流涌动，随时都有可能将这根细小的海绵吹走，机械臂需要迅速将它放入 0.03 立方米的生物箱中。

一根黑色的摇杆，控制着舱外机械臂的每一个动作。

钳状的机械爪在抓取过程中，根据不同的目标调节不同的力道，抓取精度可以达到百分之百。

这次海试，"深海勇士号"总共采集到 6 种海底标本，收集到 400 多项珍贵数据。

连续作业 6 小时后，"深海勇士号"终于浮出水面。

6 小时，创造了世界同一级别深海载人潜水器作业时间最长的纪录。

"深海勇士号"4500 米成功海试，标志着中国深海技术装备由集成创新向自主创新的历史性转变。

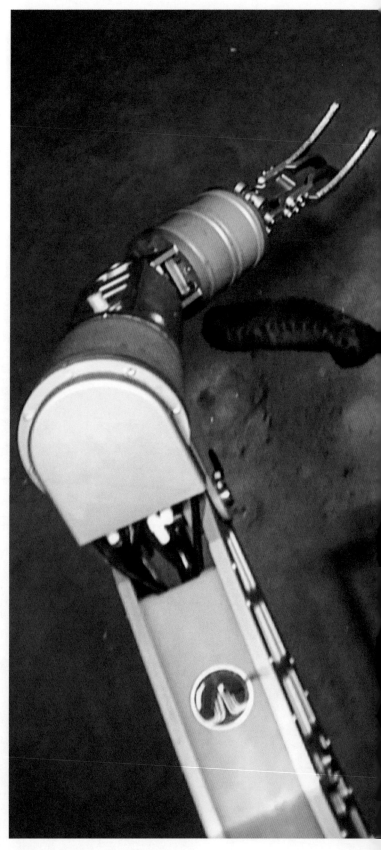

抓取深海生物

海翼号

小重敲黑板知识点

除了"深海勇士号",咱们国家一个个世界领先水平的深水重器,还在向更深的海底世界挺进。

中国深海滑翔机"海翼号",完成深海观测,最大下潜深度6329米,刷新了水下滑翔机下潜深度的世界纪录。

深海载人潜水器"蛟龙号",完成了第158次试验性应用下潜,标志着中国成为世界上深海调查能力最先进的国家之一。

马里亚纳海沟,深海11000米,"彩虹鱼号"无人潜水器成功到达海底。

目前中国是国际上拥有最多大深度载人潜水器的国家。

更深、更广、更远,强大的深海探测能力将引领中国向海洋强国加快迈进。

挖呀挖泥巴的疏浚船

中国是世界第一大贸易国，全世界有近四分之一的贸易额在这里发生。

每年，中国 90% 的对外贸易要通过海运完成。作为重要的战略支点和枢纽，港口扮演着异乎寻常的角色。

全球货物吞吐量前十大港口，中国已经拥有七席。中国的亿吨大港有 34 个，万吨级泊位有 2300 多个，形成了环渤海、长三角、东南沿海、珠三角和西南沿海五个港口群。

然而，并没有太多人知道，1.8 万千米的中国海岸线，如此众多的大港中，真正的天然深水良港数量非常稀少，只能靠一种独特的海上利器——疏浚船，来疏通航道、浚深泊位。

疏浚船

等等，小重，我们说的大国重器，疏浚船也算是重器吗？不就是挖挖泥，吹吹泥吗？怎么能排得上重量级呢？

疏浚船当然算重器啦。提到航道我们首先会想到河道，河道如果淤泥太深，不仅会有决堤的风险，而且会导致大船难以通行，所以河道要定期清淤。海运航道也是如此，尤其是港口，如果港口水位太浅，大船就没法靠岸。为了拓宽和拓深航道，人们需要功率更大的挖泥船，疏浚船的作用不言而喻。

1. 铁齿钢牙"天吉号"

上海横沙，中国自主建造的疏浚船"天吉号"，正在进行航道清淤作业。

"天吉号"每天都要在这条深水航道上连续工作 20 小时，以保障每天两千多艘 10 万吨级船舶自由进出航道。

"天吉号"工作的区域是长江黄金水道的咽喉，货运量位居全球内河第一。

每年这里都会有 4.8 亿吨的泥沙淤积，形成长达 60 千米的"拦门沙"水域，是通海航道的一大障碍。

300 多米宽的航道上，10 艘"天吉号"这样的疏浚船正在同时进行清淤作业。

作业时，40 米的钢桩首先抬起，插入 30 米深的江底，将船体牢牢固定。

随后，直径 2.8 米的铰刀头飞速运转，将板结的泥沙切削绞碎成泥浆。

铰刀头是"天吉号"的铁齿钢牙，每转一圈，铰刀头产生的力可以将 2 厘米厚的钢板轻松击穿。54

"天吉号"的铰刀头

个铰刀齿采用特殊的耐磨钢材料，强度是普通钢的两倍。

无论是铰刀头特种钢的研制，还是绞刀齿切削角度的设计，都体现着一个国家的整体科技水平和制造能力。这种大型疏浚装备10多年前中国还必须依赖进口，现在中国不仅能够自主设计制造，而且已经达到国际一流水平。

通过与船体相连的排泥管，将泥沙水混合物输送到6千米外的横沙海岸。

每天，疏浚船清理出的泥沙可以填满100个标准足球场。

排出的淤泥，经过沉淀、地基处理等工序，将填筑成全新的陆地。

过去10多年，52平方千米的横沙岛不断扩大。

这片15万亩的新土地，已经完全满足建造城市的标准。

依靠强大的疏浚装备，中国已经成为少数几个能够自主开展大规模吹填造陆工程的国家之一。

黄骅港，25艘疏浚船，只用了11个月就疏浚了1.2亿立方米的航道，这是中国港口建设史上的疏浚奇迹。

天津港，全球最大的人工深水港，60多年的连续浚挖，新造陆地超过100平方千米，相当于两个曼哈顿。

铰吸式挖泥船的铰刀作业

小重敲黑板知识点

　　老式的挖泥船是抓斗式的，像施工队的挖掘机，把抓斗抛到水底，一次挖上来一斗泥。后来，有了链斗式的挖泥船，它就像传送带一样，把水底挖来的泥送到驳船的泥仓里。再后来，变成了耙吸式的，把耙头放到水底，耙头开始松土，然后通过吸泥管，泥泵把泥浆吸到泥仓里。但是，遇到硬质的淤泥时，往往挖不动，因此绞吸式的挖泥船应运而生。它的铰刀到达水底可以绞松淤泥，即使碰到岩石，铰刀也可以直接把岩石绞碎。挖泥系统绞上来吸上来的淤泥沙砾，通过离心泵分离，用管道系统吹填到远处，立刻填在沙滩上、码头上，不用再把泥沙储存在泥仓里。

2. 造岛神器 "天鲸号"

南海有诸多岛礁。为了保护我国国土安全，维护南海稳定，南海的岛礁上都有驻军。但岛礁很小，绝大多数时候都淹没在水里，只有在退潮时才会露出一部分陆地。在岛礁上无法建设永久军事基地，这就意味着飞机和船只无法在这里停靠，补给线非常远。如果岛礁能变成永久性的岛，就相当于在南海建立了"永不沉没的航母"，飞机可以在岛上起飞，保卫国家安全；沿线船只可以在这里补给，更省事。可怎么才能把岛礁变成岛呢？如果靠自然的力量，可能需要几万年，甚至几十万年，如果靠人工填海，难度更大，因为南海远离大陆。最后一种办法，就是使用挖泥船，将海底的海泥和石头搬运到岛礁周围，堆积成岛。

造岛神器"天鲸号"从诞生的第一天起，就肩负了这样的重任。"天鲸号"，取自"石破天惊"之意，作业能力惊人，它的铰刀功率达到了 4400 千瓦，可以将海底的大石头和礁石打碎，它能以每小时 4500 立方米的挖掘速度，将泥沙排放到 6000 米之外，每小时挖掘的海沙可以填满一个标准足球场大、半米深的深坑。

2013 年，"天鲸号"开往南海，200 多天的时间里就扩大了 8 座岛礁的陆地面积，原来几乎无法站人的岛礁，如今已经有了自己的机场和永久性军事基地。

天鲸号

3. 亚洲最大的疏浚船"天鲲号"

"天鲲号"是亚洲最大的绞吸式疏浚船，是中国第一艘从设计到建造完全拥有自主知识产权的重型自航绞吸船。它的名字来自中国神话传说中的神兽——鲲，意为海中巨兽。

作为一艘世界上最大的自航式绞吸船，"天鲲号"全长约140米，宽27.8米，高9米，最大挖深35米，总装机功率25843千瓦。

"天鲲号"上配备通用、黏土、挖岩及重型挖岩4种不同类型的绞刀，可以开挖单

轴抗压强度 50 兆帕以内的岩石。"天鲲号"的铰刀功率最高可达 6600 千瓦，每小时可挖泥 6000 立方米，输送功率世界第一。它能够自主进行水下作业，将疏浚出的泥沙吸到船上，再通过排水管道输送到指定区域进行吹填工程建设。

"天鲲号"的主要优势在于其强大的吸沙能力和高效的吹填速度，能够在短时间内将大量的泥沙吸到船上，快速完成工程建设。作为新一代疏浚船舶，"天鲲号"将成为全球疏浚市场最有竞争力的重型装备。

除了海洋工程建设，"天鲲号"还可以用于海洋科学研究、海底油气开发等领域。它的应用范围越来越广泛，为中国的海洋工程建设和科研领域注入了新的动力。

小重敲黑板知识点

中国疏浚船的身影出现在世界各国。中国已经具备了在全球任何海域建港和疏浚的技术和能力，可以和世界疏浚强国竞争任何一个疏浚工程。

灵活的大力士"振华30"

　　起重船是一种用于水上起重作业的工程船舶，又称浮吊、浮式起重机，广泛应用于海上大件吊装、海上救助打捞、桥梁工程建设和港口码头施工等多个领域。

　　"振华30"是世界上最大的起重船，由中国自主建造。

　　这个长度超过297米，宽度58米，排水量近25万吨的庞然大物，体量超过了全世界所有现役航空母舰。

　　2017年，它在伶仃洋海域，完成一项举世瞩目的超级工程——港珠澳大桥最终接头安装。

　　港珠澳大桥全长55千米，由跨海桥梁和海底隧道组成，是目前世界上最长的跨海大桥，堪称世界桥梁建设史上的巅峰之作。

振华30

在它身上，凝结着过去数十年中国桥梁设计、施工、材料研发、工程装备等各项成果。

"振华30"今天的任务是将这个重达6000吨的巨大的钢筋混凝土结构准确地插入30米深的海底，完成港珠澳大桥海底隧道的贯通。

"振华30"要完成双侧对接，对接时水下安装余量仅有十几厘米。即使水面风平浪静，海底涌动的洋流也会形成巨大推力。

整个吊装过程要确保绝对平衡，任何倾斜都将是灾难性的。

工人们把4吨重的吊带挂在最终接头上，每根吊带长120米，直径40厘米，由14万根高强度纤维丝组成。

这是"振华30"大展身手的时刻。它的臂力最多能吊起1.2万吨重物，并做360度回旋。最终接头能否精准嵌入安装基槽，需要"振华30"保持绝对平衡。

这样的装备制造实力，让中国建设梦之队无惧任何极端工况。90度旋转，持续了4小时，最终接头到达安装位置。连续17小时的海上作业，最终接头精准着床，对接精度控制在一端是0.8毫米，另一端是2.6毫米。

港珠澳大桥主体工程全线贯通。

"振华30"的吊带

小重敲黑板知识点

中国的船舶海洋工程装备的制造能力，现在已经属于世界一流，正在向全球海洋工程装备的中高端进发。加快海洋强国建设、造船强国建设，国之重器助力下，磅礴生发的海上建设正在谱写壮丽的时代华章。

在海上建牧场

海洋是地球生命的摇篮，也是人类的"蓝色粮仓"。

作为海洋大国，全世界海洋养殖业 60% 在中国。

每年中国的海产品，为中国人提供着三分之一的优质蛋白。

怎样让百姓吃上绿色、安全、放心的海产品，让海洋生态环境得到更好的保护？这个庞大的系统工程，同样是中国海洋强国战略的重要组成部分。

1. 鱼礁制作工厂

烟台长岛的 4 万名渔民，世代以传统的捕鱼方式为生。

2018 年夏季，一个名叫"海洋牧场"的大工程，彻底改变了他们的生活。

这也太不靠谱了，大海这么大，又深不见底，怎么可能大规模地圈养鱼虾呢？又不像草原牧场，再大也有边界，而且最重要的是，人类可以"脚踏实地"地管理这些牛羊。

只要有良好的栖息环境和索饵繁殖场所，那么鱼类就会自然聚集而形成渔场。住得舒服，食物丰富，到时候你就算赶它们，它们都不走呢。

他们成为全世界第一代海洋牧民。

"海洋牧场"是指在一定海域内，采用规模化渔业设施和系统化管理体制，利用自然的海洋生态环境，将人工放流的经济海洋生物聚集起来，像在陆地放牧牛羊一样，对鱼、虾、贝、藻等海洋资源进行有计划和有目的的海上放养。

鱼礁是适合鱼类群集栖息、生长繁殖的海底礁石或其他隆起物。其周围洋流将海底的有机物和近海底的营养盐类带到海水中上层，促进各种饵料生物大量繁殖生长，为鱼类等提供良好的栖息环境和索饵繁殖场所，使鱼类聚集而形成渔场。因此，海洋牧场的第一步，就是制作吸引鱼类聚集的"草场"。选择适宜的海区，投放人工鱼礁，可诱集

和增加定栖性、洄游性的底层和中上层鱼类资源，形成相对稳定的人工鱼礁渔场。

在鱼礁制作工厂里，工人们正紧张忙碌地组装一个金字塔形的设施，这就是"鱼礁"，未来海洋牧场的"草场"。

每个鱼礁长和宽均为 7 米，高 3 米，不同大小的水泥圆盘通过长条水泥柱串联，可以将单体鱼礁表面积扩展到近 126 平方米。

投入海底后，海藻可以大量附着，配合鱼礁自身形成上升的导流效应，为鱼群卷起大量食物。

多个鱼礁在海底密集铺设将构成鱼群聚集区。充足的食物和复杂的结构，形成鱼群繁殖栖息的庇护所。

夏季到来前，数以百计的塔形鱼礁，会在长岛海域大规模投放。海洋牧场基础设施为海洋生物营造了良好的生长、繁殖、栖息场所。

塔形鱼礁

这个"海洋牧场"的想法真是太棒了！可是"牧场"建好了，海洋生物有了良好的生长、繁殖、栖息场所，那海洋牧民们又应该在哪里生活呢？总不能天天住在船上？如果住在陆地上，还得每天辛苦往返"牧场"上班吧？

海洋牧民们当然也得有海上的"移动帐篷"啦，民用海洋牧场平台必不可少。

2. 海上的"移动帐篷"

全球第一个民用海洋牧场平台固定在鱼礁上方，与鱼礁共同构成完整的海洋牧场体系。

4 根巨大的桩腿，是海洋牧场的定海神针。升降过程中，4 根桩腿必须保持同步，误差不能超过 5 毫米。

平台在陆地上建设完成，再经过驳船整体运送至指定位置安装。100 组鱼礁同时到达指定海域。

通过智慧海洋牧场综合管控平台，牧场管理人员可以实时监控牧场海域水环境的各项指标，高效管理牧场环境，提升放养水产品的生长速度，从而缓解传统渔业资源的压力。

再过几个月，这里的牧场将充满生机。

更加尊重生态，更加立体的人造海洋工程，正让中国的蓝色空间焕发活力。

小重敲黑板知识点

开发、建设 300 万平方千米的蓝色国土，中国的海洋强国战略，还需要更强大的技术、装备体系来支撑。

中国最大的海水淡化工程——天津临港海水淡化与综合利用示范基地，每 3 吨海水可以提取 2 吨淡水，比目前国际最先进的海水淡化系统利用率高出 33%。

全球第四大潮汐发电站——浙江温岭的江厦发电站能利用潮水涨落双向发电，是世界最先进的潮汐发电工程之一。

亚洲最大的海上风电场——南通的东海上风电场，760 台风机，总装机容量 482 兆瓦，每年的发电量可供 400 万户家庭使用一年。

我们是海运强国

放眼世界，海洋强国，无一不是海运强国。

中国的船队综合运力已经达到 2.46 亿载重吨，位居全球第三。中国散货船队、油轮船队和集装箱船队，已经跃居世界前三的行列。

1. "新光华"轮

"希望六号"是中国自主建造的第一座浮式生产储卸油平台，为英国公司定制。

总装完成后，这个储油能力高达 4.4 万桶，18 层楼高的庞然大物，即将起航，前往 14000 海里外的英国。

"希望六号"没有自航行能力，需要用船拖带，小型拖轮不足以支撑万里航行，必须使用专业特种运输设备——新光华轮半潜船。半潜船有点像"海上叉车"，海上平台、潜艇，这些超长、超重，无法分割吊运的超大型海上重器，都必须靠它来完成长距离运输。

　　"新光华"轮由中国自主建造，载重10万吨，是国内最大、全球第二大半潜船。

"新光华"轮

"新光华"轮船舶总长 255 米，型宽 68 米，下潜吃水 30.5 米，载重量为 98000 吨，装货甲板长210 米、宽 68 米，甲板面积等同于两个标准足球场。

装载开始，"新光华"轮半潜船要像潜艇一样下潜到 24 米吃水，等待拖船将"希望六号"拖至甲板上方位置，完成海上固定。

接下来，"新光华"轮甲板上浮，与"希望六号"底盘对接，像叉车一样将"希望六号"托起，此时，风浪、洋流的任何变化都很可能会影响到装载。

而装载的最大难度在于，"希望六号"的底盘很特殊，留有石油管道接口，这要求"新光华"轮与"希望六号"要精准对接。在海水中操作，难度堪比给飞机空中加油，装载过程不能有任何磕碰。

两个足球场大的甲板上，一个巨大的八角形木墩阵，由 680 块木墩、2000 块角钢组成，摆放位置全部经过精密计算，是专门根据"希望六号"的底盘设计的保护支座。

"希望六号"驾驶舱内，工作人员要通过压载系统，配合半潜船，随时调整姿态。

拖轮将"希望六号"托运至"新光华"轮上方。

缆绳"8"字交错，将"希望六号"的圆筒形船身牢牢锁定，防止偏转。

甲板上浮，此时"希望六号"必须根据海流风速，随时调整姿态。

用时 10 小时，"希望六号"装载完成。

做完最后的加固，"新光华"轮向英国西部群岛进发。

小重敲黑板知识点

　　半潜船，是体现一个国家海洋装备运输实力的战略型装备。今天，中国的半潜船总数已达 25 艘，覆盖 2 万吨到 10 万吨所有级别，居全球首位。

2. 中国远洋装备的制造

作为世界造船大国，中国的船舶订单量、建造量和未交付订单占有率三大指标均居世界第一位。世界上已有船只类型 95% 以上中国人都能造。从远洋运输服务，到远洋科考探测，中国远洋装备的制造能力正向全产业链延伸。

中国制造的全球载货量最大的 40 万吨级矿砂船，曾创造了全球铁矿石接卸的最快纪录。

LNG 船，被称为"造船业皇冠上的明珠"，只有中国、美国、日本、韩国少数几个国家能够建造。

中国制造的世界第一艘 4000 车位、双燃料汽车运输船，确立了中国造船业在节能环保和高新技术船型领域的领先地位。

中国自主设计研制的"远望七号"远洋测量船，已经为"天舟一号"的发射立下赫赫战功。这艘大型测量船装载有 947 套科研设备，是国际一流的"海上科学城"。

极地科考船"雪龙号"，已经 39 次赴南极、9 次赴北极执行科考补给任务，创下了中国航海史上多项新纪录。

中国自主建造的 21000 吨极地大型模块运输船，可以在零下 55℃ 工作；面对 1.9 米的冰层，仍能保持 5 节航速，是世界特种船领域里最具竞争力的运输类船舶之一。

远望七号

3. 两万标准集装箱船

这是全球海洋运输的旗舰船型，可以装载 2 万个标准集装箱的巨型货轮。这艘海上巨无霸，甲板面积有 24 个游泳池大，所有集装箱交由单列火车承运，长度可达 147 千米。它的建造精度标准，远高于其他海上货轮。

30 多年的造船经验，已经帮助中国的工程师们成功建造了多艘大型船只。

2022 年 6 月，中国首艘、全球最大 2.4 万标准集装箱船"长益轮"交付使用。该

船总长 399.99 米，型宽 61.5 米，甲板面积达 2.4 万平方米，相当于 3.5 个标准足球场。一次可装载 2.4 万多个标准集装箱，最大堆箱层数可达 25 层，相当于 22 层楼的高度。

经略海洋，装备先行。

扬帆碧海，挺进深蓝。

中国，这艘巨轮正劈波斩浪，在这颗蔚蓝星球上，画出一道壮美的航迹。

电驱
加速度

伴随全球新一轮能源革命蓬勃兴起，发电的方式在变革，传输装备在升级，应用领域在深化。作为全球最大的能源生产国和消费国，中国正在推动电在各个领域的全面应用，并不断完善适应未来的基础设施。

光缆——让网络无处不在

为什么我们的手机和电脑随时都能连上网呢？网络线是不是像电线一样铺设到各家各户呢？可是我的平板电脑并没有连上任何电线啊。好奇怪，它是怎么运行的呢？

我们的地下、海底都铺设有光缆。如果把"互联网"称作"信息高速公路"的话，那么，光缆就是信息高速路的基石——光缆是互联网的物理路由。信息是通过光缆传输的。

互联网是一种允许万物互相连接的开放式网络，将信息、声音、图片和视频等传递到全球各地，这是一种新的共享信息的方式。

在中国，移动互联网成果惠及 14 亿多人，咱们上网又快又便宜，4G 网络提速降费，5G 商用进程领跑世界。

中国已经是全世界最大的光缆生产和消费国。100% 的行政村实现通光纤，光网城市全面建成。

光纤产业链分为光纤预制棒、光纤、光缆三大环节，光纤预制棒拉丝制成光纤，光纤加上保护套制成光缆。

1. 光纤预制棒

在一般人看来，光纤预制棒就是一根粗大、透明的玻璃棒。光纤预制棒以高纯有机硅、四氯化硅、四氯化锗等为原料，在氢气、氧气火焰中进行水解反应，制成高纯度光纤预制棒。

光纤预制棒被业界誉为光通信产业"皇冠上的明珠"。光缆的关键是光纤，而光纤的母体和瓶颈又是光纤预制棒。在光缆行业中，光纤预制棒、光纤、光缆占整个行业链的利润比为 7:2:1，生产光纤预制棒的利润远超生产光纤和光缆的利润。

制作高纯度光纤预制棒

　　过去，生产光纤预制棒的核心技术一直被美国康宁、日本住友、欧洲普睿司曼等少数光纤预制棒制造巨头掌握。如果我们每年都要向国外采购光纤预制棒，必然会受制于人。如今，中国的工程师们已经独立研发出全套光纤预制棒生产工艺。

　　中国有全亚洲最大的光纤预制棒生产基地，这一片机器丛林，掌管着光纤预制棒生产的上万个工艺参数。

　　光纤预制棒的胚体，主要成分是高纯度二氧化硅和二氧化锗，它们要在超过1500℃的高温下，烧结成光纤预制棒。

　　整个烧制过程，炉温精度必须始终控制在 ±0.1℃以内。

　　两层楼高的烧结炉，炉温变化从近300℃到25℃，多达几十个温控点，工作人员必须密切监控。

　　20多个小时后，高纯净、无气泡的光纤预制棒烧制完成。

　　影响烧结的因素及工艺参数有近千项。找到每一个参数，以及它们之间的组合，研

发团队做了上万次试验，消耗了数百吨原材料。这种烧结精度稳定在 0.1℃ 的工艺，中国的工程师们研发了 30 多年。

现在，这里每年可以生产出 2500 吨光纤预制棒，如果这些光棒全部拉成光纤，可以绕地球超 2000 圈。

2. 光纤

光纤预制棒生产出来后，工人们将它悬挂到拉丝炉内。

一根长 3 米、直径 200 毫米的光纤预制棒，可以在 48 小时内不间断拉丝 7500 千米，这得益于中国自主研制的石英退火管。

管径增大两倍，能让气流通过更稳定，拉丝速度由此提升了 40%，每分钟超过 3500 米，这是目前全球最快的光纤拉丝速度。

从光纤预制棒核心技术突破，到光纤制造完全自主，中国将国际市场光纤价格从每

芯千米上千元人民币，降低到每芯千米 30 元左右。

像这样的光纤，中国每年可以生产 700 万盘，总长 3.5 亿芯千米，位居全球第一。

3. 光缆

光缆是一定数量的光纤按照一定方式组成缆心，外包有护套，有的还包覆外护层，用以实现光信号传输的一种通信线路。

马尔代夫，这个印度洋上的千岛之国，在 2016 年铺设了一条总长度 1115 千米的海底高速光缆，把马尔代夫 6 座主岛全部连接起来。建成后，马尔代夫由 2G 时代进入

光缆

了 4G 时代。

这个浩大的工程，由中国团队承建。

这根长达 318.5 千米，重 220 吨的海光缆，是目前世界上最长的单根无接头海光缆，长度是普通海光缆的 3 倍。

这根超级海光缆的缔造者，是中国人，而且这根光缆是在 5000 千米外的中国工厂里制造，并且经历长途运输才到达马尔代夫的。

载有牵引绳的登陆艇要率先登岸。

陆地机械上的牵引绳带动海光缆正缓缓移动。

首端登陆的铺设方法，不同于深海海域内的直接抛设。工作人员每隔 5 米，给海光缆系上一个红色浮球。在浮球和拉力的共同作用下，海光缆以每分钟 5 米的速度向对岸进发。

此时，海光缆已经抵达近海。接下来的铺设难度，考验着海光缆的性能。

潜水员割掉浮球，让海光缆沉入海床。

马尔代夫是世界上最大的珊瑚岛国。

为了保护并绕过珊瑚礁，工程人员需要最大限度地弯曲海光缆，这对中国海光缆的柔韧性和拉伸能力都是极大的考验。

但是，中国的工程师们对此很有信心。

这是因为这根中国制造的海光缆，为了保护其中的光纤，穿的是特殊的"铠甲"。

海底铺设中前方出现断崖，这是一种挑战海光缆弯曲性能的极限工况。

近 70 度的断崖，海光缆要想贴合在海床上，弯曲半径必须小于 1.5 米，远远高于

潜水员海底作业

小重敲黑板知识点

　　传统海光缆的内铠生产，用的是两段体笼绞机，搭配24根钢丝。而中国生产的海光缆，用的是中国独创的三段体笼绞机和27根钢丝编织法。

　　三段体笼绞机，每个绞笼悬挂的钢丝规格都不相同。增加的3根钢丝，与其他24根钢丝，粗细搭配形成稳定结构，让海光缆柔韧性更好，同时大大增强了抗拉能力。

3 米的国际标准。

经过近 10 小时的铺设和潜水员的反复调整，成功绕过断崖。

一个个定位牌被固定，标志着海光缆逐段被验证通过。

只用了 32 天，联通 6 岛，1115 千米的海光缆就全部铺设完成。

从此，马尔代夫成为南亚通信覆盖范围最广的国家。

在铺设完成后，马尔代夫的工程师进行了完整的海光缆性能测试。测试结果非常好，对于中国海光缆的质量，他们非常满意。

目前，全世界 95% 的国际通信都要依靠海光缆。相对于卫星等其他通信方式，海光缆具有低延时、寿命长、通信量大、保密性强等优势。

5G 时代，海光缆的生产和铺设成为各国信息领域竞争的高地。通过此次铺设马尔代夫海底光缆，中国企业成功跻身国际海光缆高端俱乐部。

巨轮动力

2020年3月，东海深处，一艘神秘的巨轮正在航行。

这片海域并不是远洋航道，巨轮的甲板上也看不到任何货物，船身上 INGPOWERED 的清晰字样表明这是一艘以液化天然气为核心燃料的巨型轮船。

这个大家伙可不是在海上优哉游哉地闲逛，而是在进行燃气试航。

2017年，中国船舶工业集团与法国达飞集团正式签订了9艘23000标准集装箱船的建造合同，这个大家伙就是制造完成的第一艘集装箱船，正在进行燃气试航。

小重敲黑板知识点

LNG 一般指液化天然气（Liquefied Natural Gas），主要成分是甲烷，无色、无味、无毒且无腐蚀性，被公认是地球上最干净的化石能源。LNGPOWERED 就是以液化天然气为核心燃料。

双燃料系统

　　在这艘船的设计上，中国的工程师们采用了一套双燃料系统，也就是船上主机既可以使用传统的燃油，也可以使用 LNG。在系统切换时，液化天然气将会逐渐取代燃油，成为发动机的核心燃料。这样一来，在保证动力的前提下，它的二氧化碳排放可以减少20%，颗粒物、硫氧化物的排放量可以减少 99%。

23000集装箱货运船

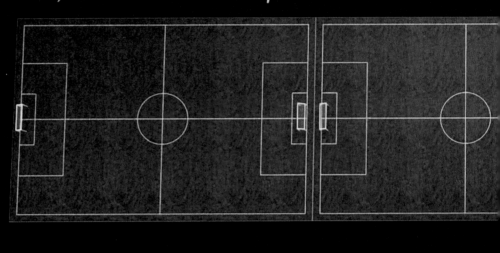

23,000 container ship

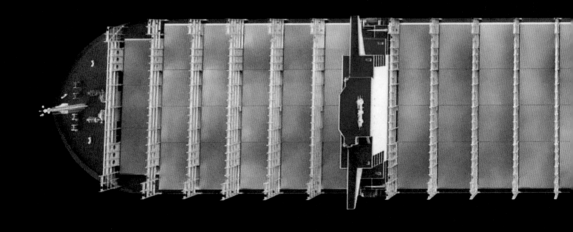

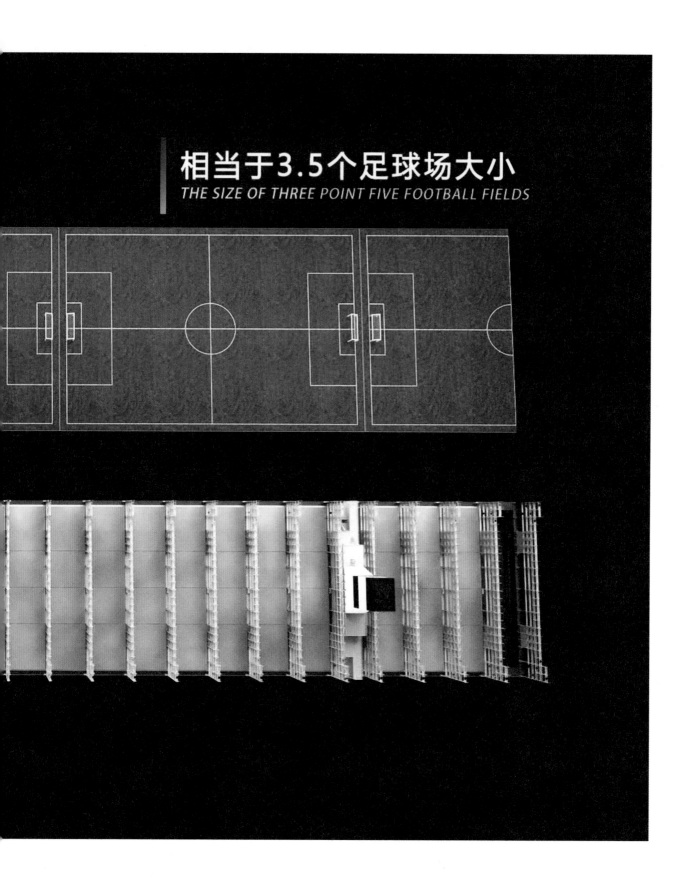

相当于3.5个足球场大小
THE SIZE OF THREE POINT FIVE FOOTBALL FIELDS

系统顺利完成切换，大船保持稳定航行。但这仅仅完成了本次试航的第一步，8小时满负荷运行之后，巨轮的核心动力部件将会迎来终极考验。

23000标准集装箱船是真正的海上巨无霸，船长399米，宽度将近62米，甲板面积相当于3.5个标准足球场。这比目前世界上最大的航空母舰还要长出60多米。最惊人的还是它的运力满载重量近22万吨，一次就可以装载23000个标准集装箱。

什么样的动力才能够驱动这样一艘超级巨无霸？

23000 标准集装箱船剖面图

1. 动力之源——超级心脏

　　巨型集装箱船的超级心脏是世界上最大的船用内燃机发动机。这颗"心脏"占地面积接近一个标准篮球场，高度达到 16 米，相当于 5 层楼高，重量超过 2000 吨。

　　发动机的活塞长度达到 4 米，重量超过 5 吨。安装活塞的气缸，内壁直径接近 1 米，这是目前世界上最大的船用发动机气缸。直径 1 米的活塞周长误差不能超过 0.02 毫米，以保证活塞与气缸绝对贴合，产生高达 63800 千瓦的输出功率，这比 200 辆重型卡车加在一起的动力还要强劲。活塞顺利落下后要跟连杆对接在一起，以带动曲轴运行。像汽车发动机一样，船用发动机气缸燃烧产生的强大爆发力，需要通过曲轴转化成旋转推力，驱动巨轮前行。

2. 动力之心——曲轴

如果说发动机是这艘船的动力之源，那么曲轴就是动力之心了。

超级巨轮动力之心的秘密就在这里。这是全世界尺寸最大的船用曲轴，重量达到488吨，总长接近24米，几乎相当于一节高铁车厢的长度。这样的尺寸和重量已经达到现有加工装备的极限。

中国工程师们的方案是将曲轴分成两段加工，然后进行整体对接。曲轴的对接面上有24个连接孔，两截重达200多吨的大家伙全靠这些连接孔连接，并且要在未来各种复杂的海洋环境里推动22万吨的巨轮，这就对曲轴连接孔的加工精度提出了极高的要求。

曲轴

为了解决这个拼接的打孔问题，中国的工程师们特意研发了镗孔机。通过专门的镗孔机，加工连接孔，去掉多余的部分。

这些直径13厘米的连接孔，加工精度被严格控制在0.02毫米以内。就算是非常有经验的工程师，也需要一个月时间才能完成所有连接孔的加工。

大型船用曲轴与船舶寿命相等，一旦安装就终身不能更换。这种特大型对接曲轴由于设计和加工难度极大，曾经长期制约着中国造船业的发展，如今中国不但有能力自主研发制造，还在不断刷新着其尺寸和重量的世界纪录。

3. 终极测试

在连续航行 8 小时后，轮船动力系统即将迎来终极测试。

本次试航最为关键的一步——工程师将要进入主机，拍摄气缸内部的照片，实际观察气缸以及运动部件在燃气运行中的状态。此时，发动机已经停止了将近 1 小时，但内部仍有 50℃的高温。为了拍摄到清晰的照片，工程师需要不断调整位置，他需要两小时才能完成对这 12 个气缸的最终观测。

如果气缸运行正常，那么整个气缸的内壁就会十分光滑；相反，如果气缸内壁出现划痕，不但意味着发动机的运行存在问题，缸套也将直接报废。

两小时后，工程师终于完成了观测。气缸在满负荷运行 8 小时后，状态良好。这意味着这艘燃料集装箱船第一次燃气试航圆满完成。

强劲的动力，绿色的心脏，这艘凝聚中国制造智慧与力量的超级巨轮，将为世界经济一体化以及海洋环保战略带来强劲动力。

澎湃的水动力

　　水力资源一直以来都是自然界中存在的一种巨大的能源，在咱们祖先手里，水力的作用可不小。古代没有蒸汽机，也没有内燃机，河里的水流力量是古人所能接触到的最方便，也是最大的能量源了。我们现在仍会利用水力进行发电，水力发电是现代电力组成的重要部分。

　　这我知道，古人利用筒车灌溉。

　　古人在水力的利用上发明了很多东西，从水力灌溉的筒车到水力驱动的磨坊，再到精妙绝伦的浑天仪，古人将水力发挥到了极致。不过现代人更厉害，我们利用水力进行发电，让人类文明迈上了新台阶。

1. 白鹤滩水电站

四川省凉山州，在高山峡谷间，有一座工程奇观——白鹤滩水电站。

2023 年 3 月建成后，它成为仅次于三峡电站的世界第二大水电站，其一天发电量就可满足 50 万人一年的生活用电。年平均发电量可达 624.43 亿度，能够满足约 7500 万人一年的生活用电需求，可替代标准煤约 1968 万吨，减排二氧化碳约 5200 万吨。

白鹤滩水电站是世界综合技术难度最高的水电工程，因为要在高山峡谷间建设这么一座水电站，可不是一件简单的事。

山体两岸，7 台 30 吨级缆机，超过 1000 米的钢制缆索，连接了这里最为重要的空中运输通道。白鹤滩 31 个坝段需要 800 万立方米的混凝土，缆机是运送它们的唯一通道。

每天开工前，工程师们都会对索道进行细致的检修，保障在运输的过程中没有安全隐患。

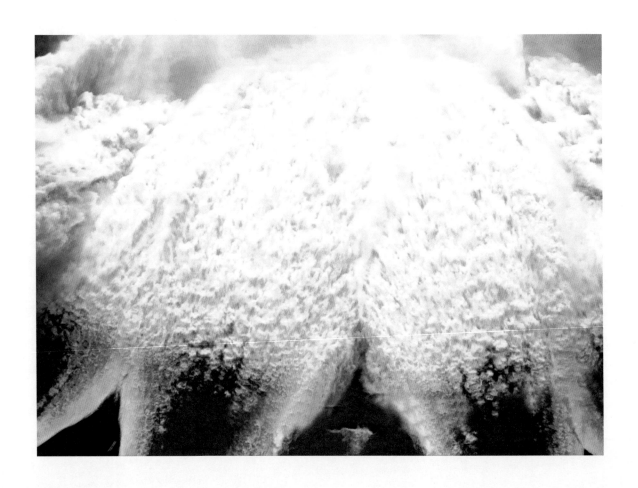

混凝土中的传感器

　　白鹤滩大坝日均浇筑量接近 6000 立方米，缆机把混凝土运抵浇筑层面后卸载。施工过程中最大的难题是做好混凝土温度控制，一旦温度控制不好，建成的大坝就很容易出现裂缝，这对大坝来说是致命的。

　　经验丰富的中国工程师们，决定尝试一种新型混凝土，混水后的温度远低于传统水泥。不仅如此，他们还发明了一套智能温控系统，用来解决无法忽略的世界难题。工人们在混凝土铺设的过程中，同时埋设传感器和水管，传感器时刻感知混凝土内部温度，埋设的水管能够自动接通冷水，给坝体降温，即使在外界 35℃以上的夏季也可以将混凝土最高温度控制在 27℃以内。精准的温度控制，是建造无缝大坝的核心。

　　在严苛的作业要求中，大坝日夜生长，然而这只是建设水电枢纽工程的第一步。当这座 300 米级双曲特高型拱坝建成后，奔腾的江水被拦截，通过巨大的引水涵洞，倒向地下厂房，此时的江水已经积蓄了巨大的势能。然而，要想将自然赐予我们的清洁能源转化成强大的电能，还必须制造出性能强悍的水力发电装备。

2. 水轮发电机组

世界上单机容量最大的水轮发电机组由中国制造，它运转 1 小时可以产生 100 万度的电能，可以满足一个现代家庭 250 年的用电需求，是当之无愧的水电巨无霸，它的制造难度同样刷新了行业内的最高纪录。

水轮发电机组

小重敲黑板知识点

水轮发电机组是指水电站上每台水轮机与配套的发电机联合而成的发电单元，是水电站生产电能的主要动力设备。水力发电机组的作用是将河川、湖泊等位于高处具有势能的水流至低处，经水轮机转换成水轮机的机械能，水轮机又推动发电机发电，将机械能转换成电能。

水轮发电机组由超过7000种零部件组成，其中决定功率和效率的关键部件是转轮。转轮的作用是将水能捕获转换为机械能，带动发电机高速旋转产生电能。

中国的工程师们要打造一台全新的转轮，挑战又一项世界纪录。

区别于传统转轮全部采用长短一致的叶片，这一次中国的工程师们尝试将15个长叶片与15个短叶片组合。工程师们首先对叶片进行称重，根据称重的结果，精确计算出每一个叶片的位置，再依次安装叶片。他们要做的是在15个长叶片的进口部分插入15个短叶片，短叶片的长度约为长叶片的一半。这样的搭配，在不增加出口水流拥挤程度的同时，能把水轮机效率再提高0.5个百分点。

长长短短多麻烦呀，还容易出错，长短一致不是更方便吗？

就像我们弹钢琴，如果全是全音符的白键，那么我们的音域是不够宽广的。但是如果加上半音的黑键，能弹出来的音域是非常宽广的，也是非常丰富的。

转轮

安放好的叶片还必须调整角度。关闭测量仪上的红宝石触头，可精准采集叶片坐标，定位精度达到 0.01 毫米。

出水口叶片安放角，则需采用激光跟踪仪。它发射出的激光光束，被内置棱镜的钢制靶球捕捉，并同步跟踪，由此采集到的三维坐标，可以帮助工程师们实现高精度分析，数据传回电脑分析，工程师们按照结果调整进水口处的叶片角度。

调整好的转轮还必须通过焊接固定，再送至加热炉经受炙烤，最后经过精加工机床切削打磨。工程师们的目标是实现自身机械平衡，制造一台零配重的转轮，这也是全世界水电工程师一致追求的目标。

加工机床

小重敲黑板知识点

零配重，是指机械处于完全平衡的状态。不需要配重达到的平衡叫作天然平衡，意味着前端的各个制造的工序都非常完美。

加工完成的转轮被送至测试工位，等待测试，测试的结果显示这台转轮成功实现零配重。

单机容量最大的水轮机组，转轮实现零配重，这在全球尚属首次。出厂后，它将入驻白鹤滩地下厂房，用在白色 15 号机组。

3. 安装发电机转子

16 台世界单机容量最大的百万千瓦水轮机组都将被安装在白鹤滩地下厂房里。此时的地下厂房，迎来一个重要的安装节点。

白鹤滩 1 号机组发电机转子，这是转轮之外的另一个关键部件。机组运行时，转子在定子内高速旋转就可以源源不断地产生清洁电能。

眼前的问题是，这个庞然大物重量高达 2100 吨，现场没有装备能够独立将它吊起。解决的办法只能是并机操作两台 1300 吨的桥式起重机完成吊装。

发电机转子

这就要求两位操作手默契配合，吊装过程既要操控单台吊机匀速前进，还要保持两台机器步调一致，角度、速度，任何细小差异，都会给这个精密组装的发电机转子带来大幅摆动，后果不堪设想。

两台吊机以每分钟 7 米的速度前进，两位操作手同时在场互为监督，确保吊装万无一失。直径 16.2 米、高 4 米的庞然大物已经到达基坑正上方，技术员开始调整转子下落到中心位置，缓慢下降，此时，转子和电子的间隙只有 5 厘米。在这个时候，即使是出现 1 毫米的操作误差，都可能给转子带来晃动，甚至与定子发生碰撞。工人们根据勘测木板的松紧度不断调整转子中心位置。

用时一个半小时，转子精准落入。白鹤滩 1 号机组的发电机转子圆满安装。

20 年的时间，中国把水轮发电机组的单机容量从 30 万千瓦提升至 200 万千瓦，居世界第一，在水电装备研制方面，中国人已经领先世界。

2022 年，这座仅次于三峡的世界第二大水电站建设完成，它连接上游的乌东德和下游的溪洛渡、向家坝，组成世界上最大的水电清洁能源走廊，每年发电接近 2000 亿度，足以满足上海市 1 年的用电。

然而，中国人从自然中捕获力量的能力远不止于此。

聚力
天地间

　　合抱之木，生于毫末；九层之台，起于累土。让我们深入工业体系的毛细血管，呈现基础部件、基础工艺、基础材料和基础技术，如何决定一个国家工业产品的性能和质量，成为工业制造整体素质和核心竞争力的根本体现。

取之不尽的风

水力发电已经是老生常谈了。陆上的水能资源是有限的，风能却无比丰富，近年来利用风力发电似乎更"时尚"，我去北方旅行时，路上随处可见大风车。

没错，有人估计过，地球上可用来发电的风力资源约有100亿千瓦，几乎是全世界水力发电量的10倍。全世界每年燃烧煤所获得的能量，只有风力在一年内所提供能量的三分之一。因此，国内外都很重视利用风力来发电，开发新能源。

中国清洁能源版图中，水电占据着重要地位。从三峡水电站，到向家坝、溪洛渡、白鹤滩、乌东德四大电站，国家在千万千瓦级水电站的开发利用上，基本已触到天花板，所以必须寻找新的出路。

风能是一种清洁无公害的可再生能源，很早就被人们利用，古人或利用风表明风向，或利用风力行船，或利用风轮提水灌溉，或利用风轮吸海水制盐。随着社会的不断进步，近20多年来，中国清洁能源进入"风光"时代，海上风电也开始发展。

风力发电

小重敲黑板知识点

把风的动能转变成机械动能，再把机械能转化为电力动能，这就是风力发电。风力发电的原理很简单，是利用风力带动风车叶片旋转，再通过增速机将旋转的速度提升，来促使发电机发电。依据风车技术，大约是每秒3米的微风速度（微风的程度），便可以开始发电。也就是说，只要有风，就能产生电能。风力发电不需要使用燃料，也不会产生辐射或空气污染。

1. 海上风电场

中国东部福建沿海，这是正在开发的大型海上风电场之一。相比陆地，海上风电是最优质的风电资源。

过去 20 年，中国工程师以上海为起点，沿海岸线向南北延伸，先后建成了多座大型海上风电场。然而，海上风电的建设和运营成本远高于陆上，因此采用大容量的风电机组，被认为是海上风电的发展方向。

2020 年 6 月 13 日，中国首台亚太地区单机容量最大的 10 兆瓦海上风机，即将在这里安装。

海上风机安装最大的风险，来自不受控制的天气。风、雨、能见度、地面湿滑，都将大大增加作业的难度。

在空间十分有限的安装船上，把 90 米长的叶片法兰上的 184 颗螺栓安插在与之对应的变桨轴承圆孔内，对工人们来说是个不小的考验。组装好的叶轮，重量高达 226.6 吨，需要将它们一次性吊装至距离海平面 115 米高的风机塔筒上方。

在海上把这么一个庞然大物安装到位，必须依靠"风和号"。

这是一艘 1200 吨自升式风电安装船，吊高 130 米，居亚洲第一。

庞大的叶轮和吊具之间很容易发生碰撞，吊装过程中要

小重敲黑板知识点

考虑到发电效率，单只叶片的设计长度达 90 米，叶轮组装完成后，叶轮直径 185 米，相当于 3 台波音 747 并排的宽度。

海上风机安装

尤为小心。"风和号"将叶轮翻转90度，吊至115米的高空。垂直吊起的叶轮，还需要超过270度的高空翻转，才能和发电机对接。

历时三个半小时，叶轮与发电机完美对准，等待在塔筒上方的安装工人把156个螺栓逐一拧紧，中国首台10兆瓦海上风机成功安装！

当它借助海风顺势旋转，在年平均每秒10米的风速条件下，单台机组每年发电4000万度，可满足两万个三口之家1年的用电需求，减少排放二氧化碳35000吨。

2. 升级风机叶片

海上的气候多变，台风频发，而且空气中含盐极高，这些风车能经受住考验吗？

确实，你说的这些都是海上风电最大的考验和威胁，所以咱们的工程师也意识到了这个问题，已经开始对风机升级。

江苏盐城是亚洲最大的风电叶片制造基地，全球许多顶级风场的叶片都出自这里。

车间里，工人们正在铺设叶片主梁，主梁在叶片中承力超过80%，重要性相当于人体的脊梁骨。为了得到更高的发电效率和更强的机组稳定性，叶片主梁必须被制作得更轻更坚固。什么样的材料才能满足这样的要求呢？

碳纤维预浸料，被认为是满足条件的理想材料。这种材料对温度非常敏感，使用它最关键的是控制温度。工人们先将它们从冷库中取出送至恒温室，从零下5℃解冻至30℃，碳纤维的黏性被充分激活，24小时后解冻完成的碳纤维材料将被小心翼翼地安装。

碳纤维材料重量轻，其强度比钢材高5倍，比铝合金高4倍。传统的叶片主梁用的是玻璃纤维，今天，工程师们尝试用这种新的碳纤维材料替代传统的玻璃纤维，制作一个新型叶片主梁。铺设碳纤维材料要连续进行，83层的碳纤维每一层都必须保持平整，不允许有一丝褶皱。温度对它的褶皱产生的影响是非常巨大的，也就是说，温度控制就是褶皱的控制。

风电叶片

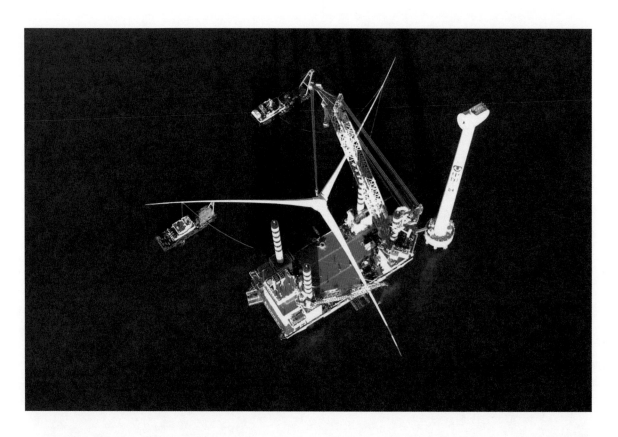

　　铺设过程中，技术员必须仔细检查，环境、模具的温度必须控制在 28~32℃，与碳纤维材料的温度保持一致。

　　20 小时过后，83 层碳纤维主梁铺设完成，相比玻璃纤维更加坚固，重量却轻了 3.6 吨。成型的主梁吊装至风机叶片的模具中，灌注、加热、固化，一只碳纤维主梁叶片诞生啦。

　　此处应有掌声。碳纤维主梁叶片是不是就成为未来海上风机的主力叶片了呢？

　　还不行，在此之前，要经历一次最为严苛的检验。是骡子是马，拉出来遛遛便知。

要测试这只叶片的最大抗台风性能，5台自动化静力加载设备通过钢丝绳与叶片上的夹具相连，它们将模拟自然界的台风考验叶片。钢丝绳开始收紧，叶片受到拉力，慢慢弯曲，此时的叶片像一只巨大的弹弓。随着自动化静力加载设备施加的拉力不断增加，叶片受损的风险也越来越大。万幸的是，它承受住了百分之百的极限载荷，叶片完美通过测试。

全新的碳纤维叶片将用来打造新型海上风机，迎接可再生能源利用道路上的更多挑战。

小重敲黑板知识点

过去10多年，从轴承、塔筒，到发电机、叶片，中国的风机制造产业链经历了一次全面升级。如今，中国已经成为全球最大的风能生产国，但是开发风电的脚步还在继续加速，从海洋到陆地，从草原到山地，一座座风场陆续建成。不仅如此，中国已经向全世界作出重大承诺，2030年，实现风电、太阳能发电总装机容量达到12亿千瓦以上，这意味着风电加速发展的同时，中国太阳能发电也将跑出加速度。

强劲动力"天鲲号"

咱们谈了天上飞的电力驱动，现在得聊聊在水里作业的大家伙，电赋予了它超乎寻常的强劲动力。"天鲲号"，中国第一艘全电力驱动型自航绞吸挖泥船，船长140米，型宽27.8米，居亚洲第一。

等等，"天鲲号"我们讲过啦，你忘记了吗？之前咱们聊了不少疏浚船呢，铁齿钢牙"天吉号"、造岛神器"天鲸号"、亚洲最大的疏浚船"天鲲号"，怎么现在又聊回"天鲲号"了呀。

啊呀呀，记忆力不错呀大器，有进步。没错，可是这次，咱们聊"天鲲号"与众不同的强劲动力。

"天鲲号"是一艘特殊的作业船舶，它主要用于港口航道的疏浚和人工岛屿的吹填。对于拥有漫长海岸线的中国来说，这是践行海洋强国战略的国之重器。

　　"天鲲号"今天的任务，是在连云港，为赣渝港区10万吨级码头开挖航道，"天鲲号"要将长达3727米的航道开挖加深至13.3米，并将890立方米海底泥石输送到7千米以外的吹填区。这项任务如果交给其他型号挖泥船，需要两条船分两次倒运，而今天，"天鲲号"要尝试独自完成。

　　一切准备就绪，"天鲲号"开始作业。船前端的巨型铰刀头缓慢伸入海底，它可以轻松绞碎抗压强度高达50兆帕的坚硬岩石，相当于中强风化岩石的硬度，这意味着，在绝大多数疏浚工况下，"天鲲号"都能做到削石如泥。

　　强劲的动力来自电力驱动，在这艘船的设计上，中国的工程师们采用了一套全新的电力驱动系统。区别于传统的柴油机直接驱动，"天鲲号"的柴油机不直接产生动力，而是负责发电，而挖掘、泵送等核心部件则通过大功率电机驱动作业。这样一来，动力输出更加强劲，功率调节更加灵活，作业效率也因此大幅提高。

"天鲲号"的巨型铰刀头

铰刀刀齿

　　机舱内，3 台柴油机满负荷运转，可以为全船提供 24000 千瓦的充足电力，这是"天鲲号"的动力之源。而中压配电室则是"天鲲号"的电动心脏，全船的电能在这里聚集并实现智能分配。极端工况下，"天鲲号"可以在瞬间将铰刀功率从 6600 千瓦提升到超过 9900 千瓦，这比 30 台重型卡车的动力还要强劲。

　　乌云密布，海浪突起，铰刀刀齿的检查和更换却不能停止。这些由特殊的耐磨钢制成的刀齿，每一个都重达 36 千克。在电机的强力驱动下，刀齿不到 24 小时就会磨损超过 10 厘米，如果不能及时更换，将会严重影响挖掘效率。

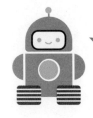

什么？磨损这么厉害？质量不行啊。

这你就错啦，刀齿的磨耗其实是对于"天鲲号"的铰刀的性能的一个评判，这种刀齿磨耗越大，也就说明它的铰刀发挥的能量越大。

连云港航道的海底泥石，包含大量黏土球混合姜结石，长达 7 千米的输送距离，过程中极易发生堵塞，就像人喘不过气一样，严重的话，甚至会堵死。因此，工程师将一定的功率调整到最大 17000 千瓦，强大的压力，保证泥浆以每秒 5 米的初始速度，进入输送钢管。

　　此时，水泥船的另一端，虹吹抛卸的固体疏浚物已经高达每小时 2600 立方米，如果由载重 10 立方米的大型装载车来运载，足足需要 600 辆才能完成。强劲的泥浆速度，意味着"天鲲号"的超远距离输送能力经受住了考验。

　　根据工程师推算，以此方式运转，"天鲲号"将比计划工期提前一个月完成任务。"天鲲号"的功力不只挖泥疏浚，更出色的是，它还可以将挖出的泥石，填出一片高于

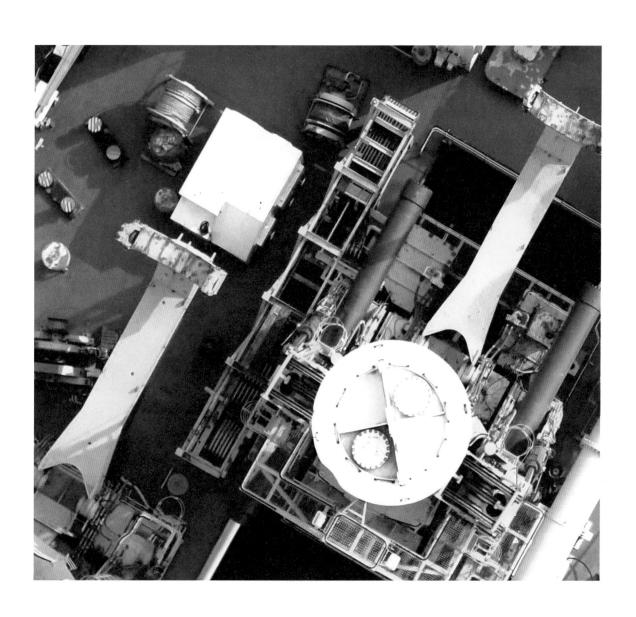

水平面 6.5 米的陆地，挖泥和造地"一鱼两吃"，新增的土地将用来建造一个新的高科技园区。

电驱技术的诞生，让拥有 400 年历史的挖泥船焕发出新的光彩。因为它拥有自由分配动力的能力，可以根据挖掘和传输的动力需求，随机调整输出功率，极端工况可使疏浚效率提升 3 倍以上。

"天鲲号"可以将普通港口升级为深水良港，这让超级装备拥有了广阔的用武之地。

从能源开发到工程建设，从交通运输到港口物流，今天的中国正在推动电气技术的全面应用。

这是一场动力与效率的深刻变革。

水上的超大力士——"一航津安1"

　　如果你去过珠江三角洲，在交通早晚高峰时踏上连接粤东粤西的虎门大桥，你十有八九会被堵在路上，堵到你脾气暴躁，怀疑人生。交通最高峰时，虎门大桥日通行车辆曾经达到近 20 万辆，两倍于设计通行能力，堵车成为常态。

　　为了缓解粤港澳大湾区的交通拥堵状况，一条新的通道正在建设，这就是连接深圳与中山的，比港珠澳大桥还要宽两条车道的深中通道。

在长 24 千米的深中通道，双向八车道，汇聚桥、岛、隧、水下互通多种交通方式。其中最难的是 5035 千米长的沉管隧道路段，由 32 根管节组成，这是世界上首例特长钢和海底沉管隧道。

这次的沉管采用的是钢制沉管外壳，内部浇筑混凝土的方式，浇筑后一节的重量达到 8 万吨。但是，全世界没有一条船可以完成运装 8 万吨沉管的重任。建设港珠澳大桥时，也浇筑过沉管，可是当时由 8 条拖轮拖着沉管前进，就像 8 个大汉拖着一个孩子在游泳，而当时的作业深度、通航条件是深中通道无法复制的。

在深中通道的沉管隧道路段，航道狭窄，每天有 4000 艘船舶出入，根本不可能像建设港珠澳大桥一样，用 8 条或更多的船只来拖运。于是，中国工程师们为它专门打造了一艘双体船——"一航津安 1"。

小重敲黑板知识点

　　"一航津安1"是集沉管出坞、浮运、安装于一体的自航式沉管运输安装船,它是全球首创、世界首制,在设计、建造及施工管理系统方面实现了我国自主研发,也是当今世界上安装能力最大、沉放精度最高、施工作业最高效、性能最先进的海底隧道沉管施工专用船舶。

"一航津安1"上安装有10台推进器，这在世界上也是首次，这样的配置正是为沉管运装而设计，就算是抱着8万吨，相当于一架中型航母重量的巨型沉管也能轻松前进。

　　"一航津安1"大力气的秘密，就在它的心脏——船舱里。两台9280千瓦的推进主机，为全船提供前进的动力，逐个活络高压油泵的齿条，确保发动机可以精准顺畅调节进油量，确保工作时运转流畅，不会卡死。

　　抱着8万吨的沉管前进不难，可是这段50千米需要航行9小时的航路并不是一帆风顺的，其中，1.3千米长的S弯是必经之路。"一航津安1"自重两万吨，加上8万吨的沉管，总重达10万吨的大家伙底部距离水底只有2.4米。75米的一体船，要在200米宽的航道里行驶，考验前所未有，看似平静的海面潜藏风险。

　　如果涌流突然加快，对于10万吨的巨型胖子来说，要在海中调整航向，控制只在眨眼之间。0.1秒的操作失误，也会导致一体船冲出宽度140米的绿色安全航道，甚至

一航津安1

因惯性冲出航道在 30 米的黄色警戒区域，一旦一体船搁浅，后果将不堪设想。

此前有一次经过 S 弯时，由于突遇顺流，船体转向过慢，采用的全球最先进的动力自动控制系统突然失灵。为了避免类似的危险再次发生，这次船长决定采用更具挑战性的方式——全手动操控。

在一个操作台上，兼顾 10 台推进器，让 10 吨的大家伙顺利拐弯，这是一个非常庞大的系统工程，不是一个人能完成的。这既考验一体船的实力，也考验团队的配合能力。不过咱们的"一航津安 1"和全体工作人员都出色完成了任务——只用了 20 分钟，"一航津安 1"稳稳通过 S 弯。

将沉管运到，"一航津安1"的任务只完成了一半，接下来，沉管安装是又一场考验。8万吨的巨型胖子，要在看不见的海水中安装，这就像士兵摸黑装枪栓。只不过，更难的是要在8000多平方米的接触面上，实现毫米级的精度。

"一航津安1"根据北斗定位数据，将沉管缓缓落位，沉放，绞移，对接，过程实时监控。30分钟后，对接成功。

最终测量数据显示，首端偏差值3.4毫米，尾端偏差19.8毫米，远远优于设计要求的50毫米误差值，在全球范围内首次实现北斗定位毫米级测控的安装精度。

2024年深中通道将全线贯通，那时，它将成为珠江口东西两岸产业升级的走廊，为珠三角的腾飞注入强劲动力。

"一航津安1"的推进主机

乘风破冰——"雪龙 2 号"

　　这艘红色的船舶，是"雪龙 2 号"，中国自主建造的第一艘破冰科考船。"雪龙 2 号"的冰刀是船艏厚达 10 厘米的特殊钢板，即将在极地科考发挥强大的威力。

小重敲黑板知识点

　　"雪龙 2 号"历时 10 年建造完成，是全球第一艘可以艏艉双向破冰、可以全海域作业的极地科考破冰船。

"雪龙 2 号"螺旋桨

除了独特的冰刀，"雪龙 2 号"还有一个秘密武器，就是可以 360 度旋转的吊仓。吊仓是"雪龙 2 号"完成双向破冰最重要的专业设备，遇到坚硬冰脊时，"雪龙 2 号"的吊仓推进器可以旋转 180 度，螺旋桨在海面下旋转削冰，把 10 多米高的冰脊从内部掏空，实现破冰。

吊仓内部密布管线，这些管线控制着调仓的旋转角度、各种油路和电器控制器。吊仓的检查保养异常重要，不允许任何异物掉落进去，否则设施有短路风险，这对"雪龙 2 号"来说，将是致命的。

一切检查完毕，"雪龙2号"起航。

魔鬼西风带是"雪龙2号"前往南极的必经之路，这里常年盛行强劲的西风和涌浪，是过往船只的噩梦。"雪龙2号"顺利通过魔鬼西风带与"雪龙号"相遇。

"雪龙2号"强劲的动力来自4台总装机容量23兆瓦主柴油发电机组，只需启动一台就可以实现12节的航行速度，续航力可以达到2万海里。

"双龙"相继顺利通过魔鬼西风带的考验，奔赴南极，开启了中国首次"双龙"极地科考。

南极，地球的最南端，科考的最前沿，南极大陆95%以上为冰雪覆盖，破冰能力直接决定了极地科考船能走多快走多远。

"雪龙2号"的冰刀借助动力砸向冰层，顺利突破1.5米厚的冰，再加上0.2米厚的积雪，保持着2.5节的航速前进抵达南极后，迅速开始科考作业，能否准确多面地观测南极，需要科考设备的可靠保障，其中最为重要的是CTD设备。

小重敲黑板知识点

CTD设备是特指一种用于探测海水温度、盐度、深度等信息的探测仪器。

雪龙2号

CTD 设备能否顺利地投放，直接关系到科学家对海洋剖面温度、黏度、叶绿素等基础参数进行观测的可行性。CTD 主要用来采集深海各层次的海水，CTD 是 6000 米耐压，所以它可以采集 6000 米以上各层次海水。

这次，CTD 设备共完成上百次采水作业，同时也一一完成了采集南极磷虾、测试月池、收放潜标等任务。

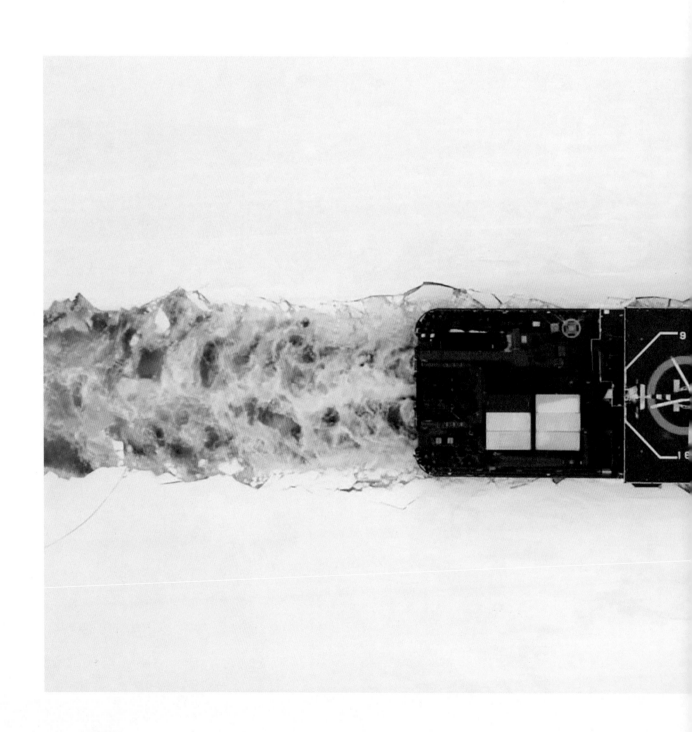

乘风破浪正前行，科考船能走多远，直接决定着极地科考的舞台有多大。

从1984年中国首次踏上南极，到"双龙"探极，中国正在融入全球极地科考的第一方阵。

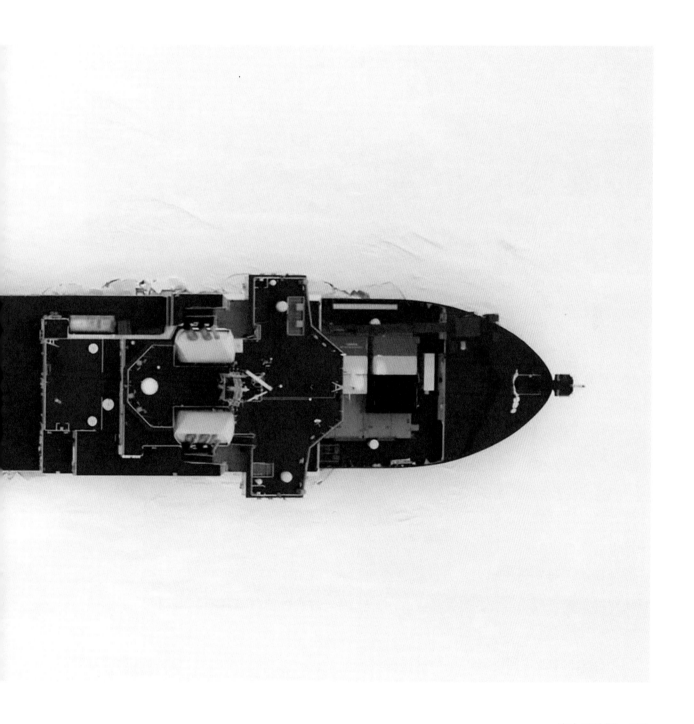

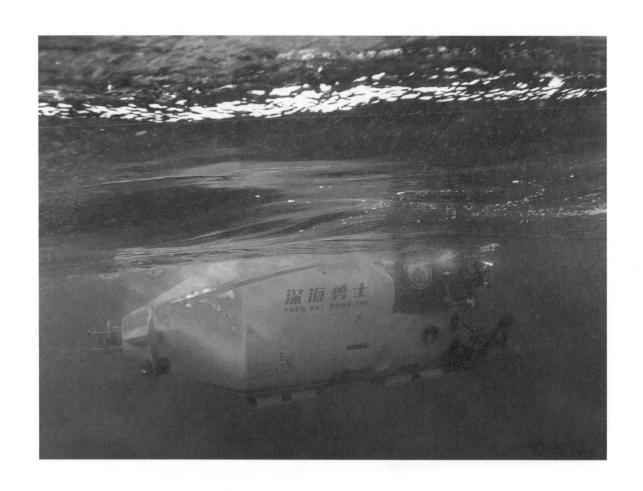

潜水器保障母船——"探索二号"

　　触角延伸到南北极的同时，中国科考团队正在探求深海的奥秘。如果我们将载人潜水器比作火星探测车，那么运送它的火箭就是载人潜水器保障母船，只不过它是往海底最深处运送潜水器。

　　"探索二号"是中国自主设计和建造的载人潜水器保障母船。2020年8月它进行首次深潜，测试成功与否直接关系着我国万米载人潜水器前往马里亚纳海沟的首次任务能否成行。

　　"探索二号"的深潜测试在中国南海进行。

是不是可以这么理解，"探索二号"就是一艘大船，带着载人潜水器到深海里，等载人潜水器完成任务后再把它打捞上来。

你的理解也没错。不过"探索二号"能干的可不止这些。它总长87.25米，型宽18.8米，续航力大于15000海里，可同时搭载60名科考队员在海上连续作业60天。它不仅可以支撑深海、深渊无人智能装备进行各项海试任务，还可搭载万米载人深潜器作业。

今天进行测试的载人潜水器是"深海勇士号"，除了个头比万米载人潜水器略小，测试流程任务基本一样。

海深 1000 米，海深 2000 米，海深 4500 米。"探索二号"抵达海试的最佳深度，在这里将进行 7 天 8 次密集下潜。为什么要试验这么多次？这是为了检验"探索二号"的布放回收系统。

推出，布放起，解缆，一切都很正常。"深海勇士号"完成 8 小时作业后，载人潜水器上浮到水面，等待母船回收，这时候考验着回收系统的安全、平顺与稳定。

海上瞬时风力达到七级，突然的风浪使得布放回收系统出现顿挫，行走不畅。此时潜航员们还在载人潜水器里，回收不能中断，因为载人潜水器多在空中摇摆一分钟，就多一分钟的风险，大幅度摇摆会导致舱内人员不适，同时也会增加潜水设备仪器受损的风险。

"探索二号"终于不负众望，将载人潜水器回收上来，但是降落的姿势并不优美，所幸没有其他问题。工程师们迅速兵分几路开始排查，找到布放回收系统出现问题的原因。每一次试验，都是一次发现问题并解决问题的过程。只有在不断解决问题中，才能使"探索二号"正式"上岗"时不出任何差错。

1. 立大功的机械手臂

"深海勇士号"第二次下潜开始，这次下潜的任务是打捞一台几个月前放置在海底的水下相机，它记录了海底生物现象——鲸落的秘密。

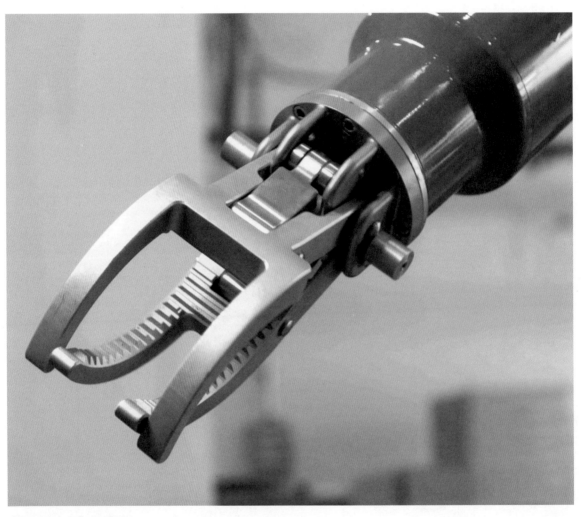

"深海勇士号"机械臂

小重敲黑板知识点

鲸的尸体沉到海底会被其他海洋生物分解，这一现象被称为鲸落。

鲸落

自制水下相机被顺利打捞上来，里面865幅照片完美呈现鲸的尸体一点点被其他生物蚕食的影像，为科学家们进一步的研究工作获取了丰富的样本。

这次"深海勇士号"海试最大下潜深度是4500米，它的机械手臂既要承受地球上绝大多数生物无法承受的巨大水压，还要在水中精准采样，可是，如果将其安装到万米潜水器上，下沉的深度可比现在深得多，机械手臂是否还能正常运作呢？

中国的工程师们早已经考虑到了这一点，他们正在组装的一只手臂比测试的那支更加强悍，它是中国第一只全海深液压机械手，从陆地到 11000 米海底，都能自如工作，它可以承受 110 兆帕的压力，这相当于一个 1 元的硬币顶起一头大象。

这个手臂上装有一个水下液压阀箱。潜航员的每一个动作都通过水下液压阀箱传导到手臂的各个关节。这是一个起中枢作用的关键部件，在万米海深处，潜航员就像操作游戏手柄一样发出指令，传导到这个水下液压阀箱，它在控制油量大小，灵巧调整手臂上 7 个关节的运动方向和速度。

测试结果显示这只机械手臂的关节摆动幅度最大超过 180 度，最大提升高度 3.2 米，臂展可达 1.9 米，伸展状态下可提取 65 千克的重物，收回状态下可以提取 300 千克以上重物。

这只中国自主研制的全海深机械手即将开启它的马里亚纳海沟之旅。

2. 奋斗者号

潜水器保障母船已经准备完毕，此时，距离前往马里亚纳海沟还有一个月的时间，我国自主研发的万米载人潜水器——"奋斗者号"，还在中科院深海所基地里进行最后的调试。

潜水器配备了两只机械手，左手侧重于载荷，力量大一些，右手主要注重精度，操作会精细一些。这两只机械手配合着使用，分工不同。

2020 年 11 月 10 日，这是一个值得记录的日子。马里亚纳海沟 10909 米载人潜水器成功坐底，标记了中国深海探测载人深潜的新纪录。

这是全球首次电视直播载人深潜，也是人类第一次从海底注视着载人潜水器下潜。

我们国家仅仅用了 20 年，就实现了载人深潜的从无到有，然后到最深的过程。

可下五洋，可上九天，中国的重型装备已经在极地、深海、空天、交通、基建等全方面发力，步伐更加稳健，姿态更加优美，力量更加强劲。

高度智能化码头

在中国的港口群，平均每小时就有 3 万个来自全球的集装箱在这里交换。中国集装箱吞吐量连续多年位居世界第一，中国正在加速全球经济一体化的进程。

1. 自动化码头

青岛港，全球最繁忙的十大集装箱港口之一，一艘 2 万箱级的货轮刚刚离开，另外一艘同样级别的货轮接踵而来。全球范围内装载量超过 2 万箱的货轮屈指可数，正在停靠的 EVERGREEN 号就是其中之一。

按照计划，它将在青岛港停靠 40 小时，装卸接近 1 万个集装箱，平均每分钟必须要装卸 4 个集装箱。

　　如何把每个都重达几万千克的集装箱从船上搬到码头上呢？唯一的工具是桥吊。

　　桥吊是影响装卸效率的核心环节。操作室和集装箱之间有超过 20 层楼的距离，而连接两者的是不断晃动的钢管。桥吊司机凭借丰富的经验操作桥吊，移动到合适位置，对准集装箱锁角柱锁上仅有 6 厘米宽度的挂孔，放下挂钩，这个抓取的难度可想而知，考验的是司机的眼力。

　　放下集装箱也不是一件容易的事情。集装箱的最大重量能达到 3 万千克，必须估计好钢索的弹性和惯性，才能避免撞击。对一个 3 万千克的庞然大物轻拿轻放，考验的是桥吊司机的反应能力。

这么考验司机眼力的活儿，只能白天干了吧？晚上光线变暗，想要抓取集装箱那个6厘米的挂孔，太难了。而且海边天气变化很大，狂风暴雨是常事，这种时候司机该怎么干活呢？

你说的这些，就是全球码头当下最常遭遇的困境，所以码头的升级势在必行。

桥吊集装箱

青岛港传统码头的对面有一个自动化码头，这里的装卸作业完全不受昼夜更替和人员熟练程度的影响。在这个自动化码头，作业设备与后台的控制系统连接，系统对设备实时上传的数据进行快速运算，再将指令下达给各个设备。

瞧，空无一人的码头，16台桥吊，76台高速轨道吊和83台自动导引车却在忙个不停，走到这里，你仿佛进入了未来世界。

2020年12月，山东港口青岛港自动化码头第六次刷新码头装卸世界纪录，达到每小时47.6自然箱的惊人效率。

高度自动化、智能化，被认为是码头升级效率的理想方案。

青岛港传统码头的智能化升级悄然开始了。

可是，现有规模巨大的传统码头都是24小时不间断地运行，不可能停下来重新建设，因此，这里的改造需要借助一个利器来解决信息传输的问题。它就是新一代通信技术——5G。

2．潜力巨大的 5G

作为新一代无线通信技术的代表，5G 技术投入商用以来，加速推动了物联网、工业互联网、车联网等新应用。然而，这还不够，工程师们还在努力让它的移动通信能力变得更强。

今天，工程师们准备测试一项 5G 的关键指标：时延。

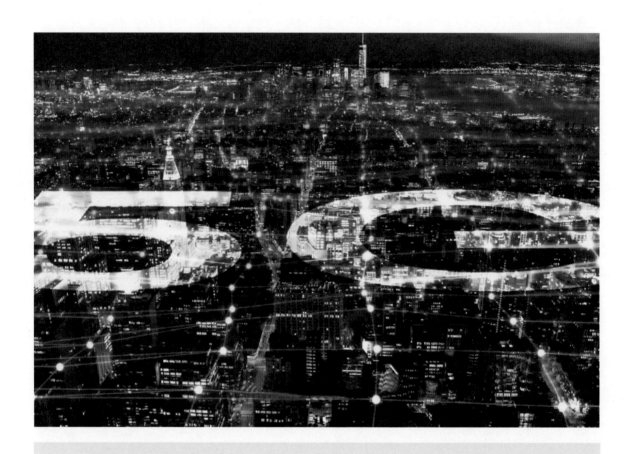

小重敲黑板知识点

时延，顾名思义，就是时间延误，就是数据从一个网络的一端传送到另一端所需要的时间。时延越低，自动驾驶、远程医疗等应用中指令抵达的时间就越短，进而可以提高自动化控制精度。

如何降低时延呢？工程师们使用的是开预调度这种增强的手段。

通常情况下终端和基站之间的通信过程是这样的：当终端想要发送数据的时候，首先向基站申请资源，基站会给它分配资源，终端直接在分配的资源上发送数据就可以了。但是当打开调度功能之后，前两步就可以省略了，终端直接在分配好的资源上发送数据就可以了，这样就可以大大降低时延。

预调度增强功能究竟能将 5G 的时延降低到多少呢？

经过测试，没有开预调度的时候，从基站到终端通信大概是 15 毫秒。

开启预调度功能之后，时延降低到了 8 毫秒。这个成绩已经非常不错，但是对全球通信工程师而言，最终的目标是把时延降低到 1 毫秒，甚至更低，而今天的试验结果，意味着他们距离终极目标更近了一步。

4G 催生了移动支付和视频服务，而 5G 让万物互联、工业互联网、人工智能等新科技变成现实。

作为新一轮科技革命的核心成果，5G 已经成为中国数字时代经济高质量发展的重要引擎，而它所蕴藏的巨大潜力还将在未来创造更多的可能。

图书在版编目（CIP）数据

大国重器 . 深海 /《大国重器》节目组主编 . -- 北京 : 北京理工大学出版社 , 2023.12

ISBN 978-7-5763-3084-7

I. ①大… II. ①大… Ⅲ . ①科技成果 – 中国 – 现代 IV. ① N12

中国国家版本馆 CIP 数据核字 (2023) 第 202981 号

责任编辑：徐艳君　　文案编辑：徐艳君　　　策划编辑：张艳茹　　门淑敏
责任校对：刘亚男　　责任印制：施胜娟

出版发行 / 北京理工大学出版社有限责任公司
社　　址 / 北京市丰台区四合庄路 6 号
邮　　编 / 100070
电　　话 /（010）68944451（大众售后服务热线）
　　　　　（010）68912824（大众售后服务热线）
网　　址 / http://www.bitpress.com.cn

版 印 次 / 2023 年 12 月第 1 版第 1 次印刷
印　　刷 / 雅迪云印（天津）科技有限公司
开　　本 / 889 mm × 1194 mm　1/16
印　　张 / 9.75
字　　数 / 177 千字
定　　价 / 288.00 元（全 3 册）